U0019596

世界是平的，就等你去闖

阿瑟創業傳奇驚魂記

柯約瑟——著

推薦序

小時嶄露的一二行跡，即可窺見將是風雲人生。

本書是作者的回顧，寫家庭，寫成長，寫事業的闖蕩創發、人際的折衝體驗，以及企業經營的足跡與心得，作者講述一己的親身經歷，活靈活現，顯得虎虎生風。

書中透露，家庭教育及中華文化的底蘊對作者有著深遠的影響，這種影響特別顯現在做人與待人的面向上。作者人格特質上具體而鮮明的是—任俠，正義，兄弟情。父親的廉能，母親的賢慧，循循善誘，以及來自文化的熏陶，內化為傳統的道德感，如能涵養這些文化精華，則自能自助人助，屢遇貴人，得以廣結善緣，也能懂得感恩與回饋。有可貴的涵養，縱使人間偶遇人性陰暗面，也能釋然以對，足不足在自我，不假外求，施恩本就不望報，而是視其為應然，如此而已，就如同作者引述的貴人之一，那位在美國遇到的會計主任說的：「以後若有能力幫助別人，就請儘量幫忙。」

另一個影響作者的要素是聰慧及軍人歷練，作者從小就展現聰慧的一面，能運用形勢與資源，為自己創造優勢與利益，而軍人歷練則反映在勇於面對挑戰，堅忍不拔，絕不放棄。這是風雲人生的土壤，也是結緣體。這些在企業的創立及經營上，隨處可找得驗證。其中一步一腳印，成功有跡可尋，可作為年輕人砥礪奮進的啟示。至於企業經營的人際際遇，對於有心創業者，可作借鏡。

作者描述在美國大學修讀一門課程，因為要深入了解，實務驗證，刻意去找一份與課程相關的工讀機會，結果在百份以上的應徵者競爭下，他連續二個禮拜前往公司「不期而遇」公司的人事經理，「盧」到這位經理「投降」而錄用他。這一事件可敘說者，其一，修讀一門課程不能是浮面的應付，考過了試，拿到了學分就了事，而是應依課程性質作深入的學習，才可以成為有用、會用、好用的知能；其二，作者被錄用是誠意打動了經理，舉動本身顯現的是積極進取，永不放棄的精神，這種誠意及意志，是工作上的優良元素，當然也是老闆喜愛的員工；我們常說，機會來時要懂得把握，那機會不來呢？這是其三，創造機會，這一次的機會並不是原就存在那裡等你把握，而是作者自己製造出來的。又如作者事業有成之餘，仍再度進入大學進修學習，原因是「我還不夠好」，這種永不自滿的心態，才是持續精進的不二法門。

作者為人熱情豪爽，慷慨捐輸，舉例而言，身為本校校友，對學校回饋殊多，包括回校經驗傳承，提供獎助學金，還創立本校美國校友會，與台灣各大學在美國的校友組織結盟，擴大聯誼，分享資源，為校宣傳，一併致謝。

撇開成敗，撇開盈虧，撇開榮辱，回首來時路，這一生的內容，可謂狂濤猛浪，璀璨耀眼，是濃墨重彩，已不虛此行。

龔瑞璋
——正修科技大學校長

作者序

說起本書出版的緣起，源自於我多年來周遊各國的經商經驗，以及遇到的商戰兵爭的小故事；人生走過這一遭，無法重來，卻往往留下許多難以抹滅的回憶，足以給世人警語，也給涉足商界闖蕩的新人作為借鏡。

一本初心，我帶著軍人的精神進入一個未知的美國世界，將會遭遇到什麼？我懷抱著努力與期望，為了達到階段性的目標，我不斷地在遇到挫折時，尋求更多突破，終在美國華人世界裡得到小布希總統跟柯林頓總統的接見，並獲得加州參議員表揚「模範公民」，也在兩岸三地中，樹下許許多多的典範。這些過程中，我也從一個深信忠孝仁愛的年輕熱血漢子，因為遇到了一些創業驚魂，而得到了看待事情不同的角度。

孟子說：「人性本善。」然而人性因為貪念，總是做出令人吒舌的行為，讓我一路磕磕碰碰，卻也不勝唏嘘！所以我們將這些遭遇寫在書中，如同第一章中，提及我的出生背景，希望可以鼓勵每個人在成長的過程中，或許不一定有富爸爸，但是需要有不撓的勇氣跟突破困境的志氣，為大家介紹筆者自小的生活經歷，以及孩提時代的種種趣事，以及發生在我與父母、同學之間的溫馨小故事。

在第二章中，從我身歷其境的理解，在創業過程中，很多人性的產生跟弊端，多是防不勝防的！主要內容是在介紹數十年來的經商經驗，在多次公司設立跟關閉中，學會了不少的處理方式跟商業思考模式。

在第三章中，我們也了解到，一個企業的基本結構跟需要具備的企業人精神，希望可以達到人本教育的提升，把美國、台灣、中國三地設廠以及人文管理素養的差異，一一具述，讓大家對於管理具有「地球是平的」的國際觀。

最後一章，思及一路走來母親以及貴人們對我人生經歷影響，讓我懂得回饋跟感恩，也希望投桃報李，引起更多人對於「感恩」的共鳴；不論在哪一個地方，華人永遠團結，文化傳承，永不停息。

中華文化博大精深，商海浮沉起起落落，面對這些大江大浪，只求能在過程中掬一把浪、掏一把沙，畢竟，我們都是浮世中的小人物，除了求得財富之外，更希望可以盡一己之力，給世人留下一些思考的空間，此書是我數十年來的心路歷程，也是柯約瑟希望透過這些歷史教訓，讓大家了解是非善惡終有報，善有善報，惡有惡報，一路看下來，諸事都是如此。希望各位一生不要碰到壞人，且不要被壞人所陷害，都能可以順利、平安地度過美好人生！

柯約瑟

壹、屬於我的傳奇

貳、商場爭戰史

叁、企業文化與世界管理

肆、人感恩則貴，回饋則富

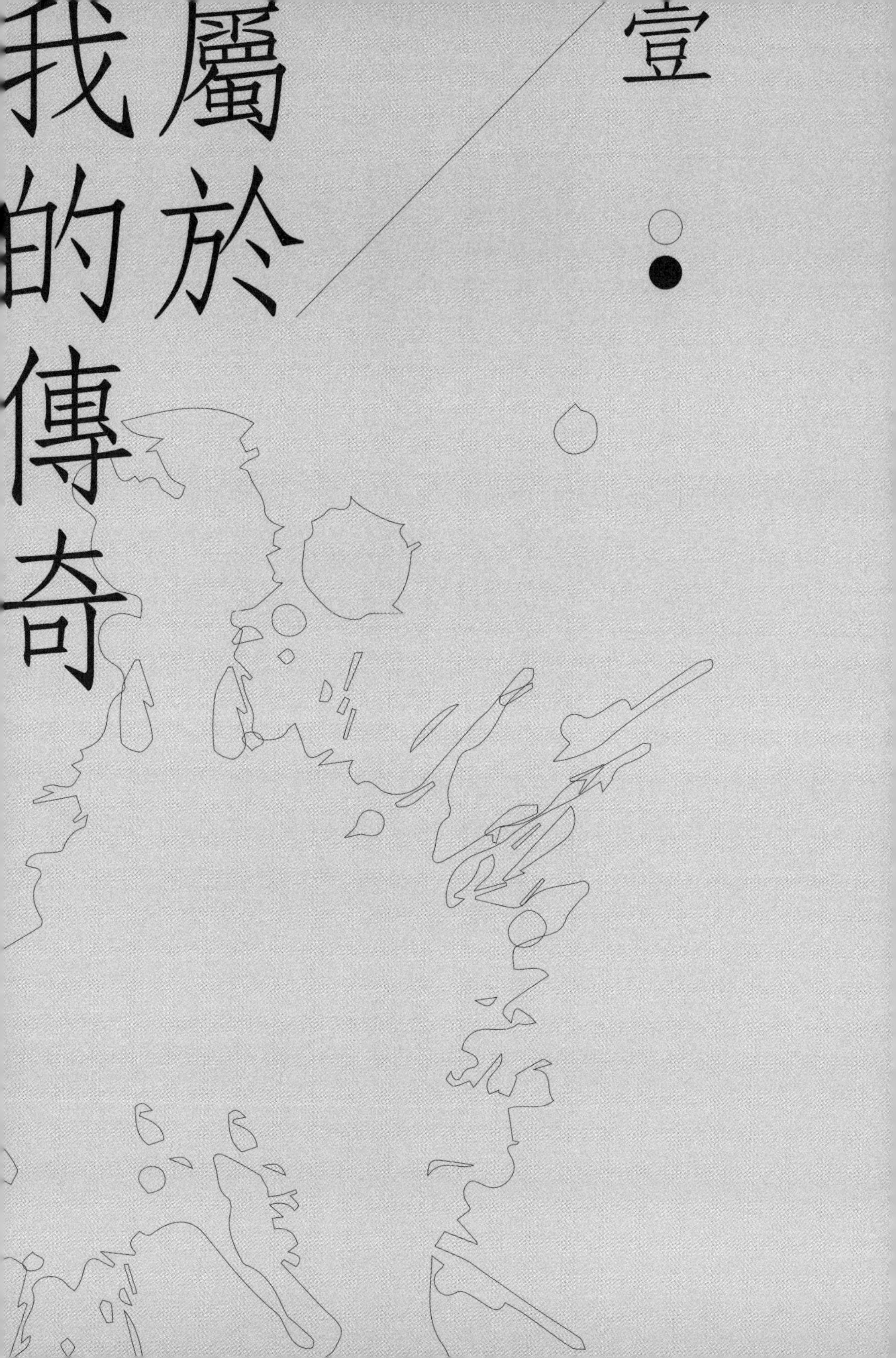
壹
屬於
我的傳奇

我於一九五二年出生，因為家人均為天主教徒，所以取名約瑟；此外，也根據家裡的字輩排行「道基」。幼年時期，曾有老師認為我是過動兒，更想不到的是我乾脆在讀幼稚園時就被迫提早畢業……，也因此，我提早來到基隆正濱國小做個小小旁聽生，這段時間可說受益匪淺，也或許就是這樣提早地接受校園的耳濡目染，我正式進入小學就讀後的成績相當好，甚至直升到二年級，整個算下來根本就是早入學了一至二年。

1-1

鬥志是人生重要的無形資產

人生可以不比較，但你必須知道自己要什麼？

母親是一個虔誠的天主教徒。而我們身為子女，自然而然地便成為天主教徒。還記得小時候，每個星期天都得去天主教堂望彌撒，再大一點，就是參加主日學，如今回想起來其實還挺有趣的，當時天主教是贊成體罰學生的，現在台灣好像很多人都不認同體罰。假設那時候我們上主日學不認真、不聽話，神父或是修女是可以揮舞他們的藤條抽打我們的小屁股。而我本來就是個好動兒，自然經常被修理。記得有一次，神父在台上講道：「天主創造了世界和人類……。」而我未經思考就問道：「那又是誰創造了天主？？」結果是……，我又為自己討來一頓痛打，畢竟在那個氛圍下，這種問題是不可以問的，而我總是學不乖，好奇心始終戰勝規範。

時間如同巨輪一樣運轉，慢慢地往前推進，一九六一年（民國五十年），我就讀正濱國小四年級，當時因為在海關工作的父親被調到高雄任職，所以我幼時在高雄也學習到許多有趣的事情，後來我在鼓山國小畢業的時候，台語已經相當流利了。回想當年，我從小好動，調皮搗蛋，鬼點子多，令父母十分頭痛。每每只要一出門就總會惹事生非，「柯太太，您的兒子又跟我們家孩子打架了，這可怎麼處理呢？」當時打架是常事，我從小起碼打過上百場，真正的是身經百戰，加上個性好打抱不平，行俠仗義，不怕強權，雖說打輸的時候不少，但也總是繼續不自量力，經常鼻青眼腫的回家，媽媽因此總是盡力把我留在家裡和身邊，免得我又到外面去惹事生非。

母親總是用心良苦，只要有機會就會告訴我：「孩子呀，我知道你是最孝順的兒子，可以來幫幫我的忙嗎?媽媽平日的工作真的太多了，謝謝你，我的好兒子！」就因為這樣，我跟母親學習了許多手藝，生活的自理能力很好，我會縫衣服、縫扣子、縫棉被、炒魚鬆、做許多好菜，母親常常說：「看吧！你學會了這些生活技能，就不用怕沒飯吃，你不會餓死的！」

在當時的社會氛圍下，我們的家境不算小康，生活開銷也比較緊一點，父親要負擔五個小孩，若加上我的母親還有父親這邊的兩個弟弟，想來我們家等於是有八個人全仰賴我父親吃飯，確實蠻困苦的！後來有很多人誤以為我是富豪子弟出身，我總是會跟大家說：「錯了！我可是人窮志不窮！」

記得當時的台灣大環境普遍不好，身邊的小學同學多半都沒有穿鞋子，我們平時都是踩著木屐到處玩。還記得我生平第一雙球鞋就是上小學的時候才買的，但是因為怕弄髒所以捨不得穿，我總是把它抱在懷裡，直到踏進校門後才小心翼翼地穿上；下課後一踏出校門便趕緊脫下來，就怕弄髒了鞋面，磨壞了鞋底。其實我相信，絕大多數我們那個年代的孩子們，人人肯定都有過這種同樣的經歷。

當時，對於「生活」這件事我已經有了一些概念，懂得珍惜物資！我相信這是處於現代生活的年輕一輩很難想像的窘境，回想當時抱著球鞋，心裡想著的無非就是「只有一雙球鞋，穿壞了怎麼辦？自己慢慢長大，鞋子若穿不下了，那就乾脆把鞋縫割開，讓腳拇趾有點空間，還可以繼續穿上一陣子……。」也就是在這種氛圍下，我從小就有一個意念，那就是要脫貧。畢竟生於貧窮不可恥，死於貧窮才可恥。

人生 Memo

1. ________

2. ________

3. ________

1-2

我的小買賣和做母親的業務員

人生沒有重來隨時投資自己。

父親一生都是一位清廉的公務員，雖說沒傳給我一毛錢，但卻傳承了無價的清廉、正直的品格給我；日後當我稍有成就，接受電台主持人訪問時，便有人曾問我：「柯先生家裡應該不愁吃穿吧！」

是呀，在當時傳統公務員的家庭裡，主食是有配給的，所以挨餓是不用怕的，但若論起桌上的菜色如何時，其實也就真不怎麼樣了！家裡並非經常有肉可吃，逢年過節偶爾會加菜，念國小時，兄弟姊妹們是沒有零用錢可拿的，生活可說相當樸實簡單。記得自己當時腦筋轉得快，想說：「老爸雖然不貪銀子，但是家裡也還是有別人送的禮品，吃不了的也可以換個零用金吧！」所以以這些年節禮品，例如貴重的蘋果、梨子、桃子、巧克力、香煙、洋酒等禮盒，自然就成為了我私下的外快來源。

只是人非聖賢，孰能無過呢？當時候的我，年紀小不太懂事，常常會從家裡面偷一、二個蘋果到菜市場去賣給水果攤販，或是摸幾包香煙賣給香煙攤的小販。慢慢地，我在菜市場竟也闖出一點點局面，甚至有了一個「小柯」的名號。

有一次，我正在菜市場和水果的攤販交易，突然發現母親站在我身後，因為她不懂台灣話，只能站在後面看，這下我就被活活逮到，心裡七上八下，母親事後既沒打我也沒罵我，反而和我商量：「既然你也已經有了一些經驗，可幫忙賣這些家裡用不著的東西，那麼何不同時多賣一些？」直到後來，甚至演變媽媽供貨給我，我再拿出去銷售來貼補家用，之後再由母親給我佣金……，這樣的模式建立後，加上貨源和種類變多，生意自然就越做越大了！家裡的生活狀況因此改善許多，我成為了母親的小小業務員。同時，也深深體會到母親持家的艱辛和偉大！不管有多艱苦，她從來不去讓父親和我們擔心，一個人默默承受所有的壓力和辛苦，如今想來，我實在以擁有這樣偉大的母親為榮。

到了小學六年級，我在菜市場已經混得很熟了，按照現在的說法，應該算是有自己的「業務區塊」。記得有一天，突發奇想地跑到雜貨店去買了一大盒抽籤的糖果。本錢一塊五；一共有三十個簽，每抽一個簽一毛錢，我就開始想，如果全部都賣出去，就是對半的進賬，利潤還算挺不錯的。每一天我就利用課堂休息時間和午休時引誘同學來抽獎。

還記得後來的狀況是，每天還沒到中午，我大概就可以準備收攤了。有一天，一個跟我比較要好的同學希望也能參一腳，他跟我提出：「我也想要跟你一起做這個生意，你可不可以付我一些工錢？」我想想後也同意了。之後談定合作方式，預計每天要賣完一盒，我付他五毛錢工錢，而我賺一塊錢的利潤。

哈哈，而他就是我的第一個員工。後來賣糖果的生意興隆，我開始擴張地盤，甚至推銷到其他班級，大家都知道我在做這門生意，越來越多人聞風而來購買，直到後來因為業務狀況實在忙不過來，我乾脆再增加人手，順勢增加不同的產品來抽獎，就這樣，我就成了三個同學的小老闆。

只可惜後來東窗事發，學校老師查到我在學校賣東西，資產全部沒收，還被打了一頓屁股，記了一個大過才了事。換句話說，我的第一個公司就在這個傳統的強權之下，宣佈倒閉。

人生 Memo

1. ______

2. ______

3. ______

1-3

小學時的各個擊破戰略

在挫折跟危機的世界中，總是可以踏實的過日子。

由於父親是公務員，所以我們從小到大都住在海關的宿舍，而過去住在基隆的期間，也因為只會說國語，加上聽不懂台語，所以等到全家因為父親轉調到高雄，舉家搬遷後……，這下子可慘了，因為南部人多半用台語溝通，語言不通的我正式開始了一段跟同學與老師們很難溝通的日子。

當然，大家都使用國語交談，一開始沒有什麼語言交流的障礙，但是那只有上課的時間而已。老師們除了上課用不標準的國語，下課以後多半都用自己熟悉的日本話和台語交談。

國小時，大家還很幼稚，許多同學都欺負我這剛剛轉進來的新生，當時愛欺負人的同學總是嘴上不饒人地說：「小柯是外省豬！」高雄和北部的天差地別，也讓我們全家經過一段轉變的痛苦。同學們經常挑釁我，而我也因為個性火爆，每遇事情時，剛開始想說容忍一下，警告大家：「不要欺負我，給我小心點！」但到最後依舊忍無可忍，終於爆發世界大戰，豈料萬萬沒想到，事情不如我所想的那般單純，原先以為只需對付挑釁我的同學即可，哪裡曉得高雄人向來是打群架的，事情演變到最後變成一票人的圍剿。

事後想想也覺得煩悶，畢竟雖然沒有被打的很慘，可是一次要對付十幾個人也著實不容易。每隔一段時間就會有五到十個人一起來找我麻煩。每天放學時間就是我練功夫的時刻；想起當時每天一挨到放學，壓力就變大，因為運氣若不好就會被海K一頓。直到後來我發現，他們每次若要攔截我，起碼都是五、六個人一起圍攻，而我左思右想之下，決定重新改變戰略，首先便是改變回家的路線，讓他們找不到我。

當然，溜掉也不是個法子，總要想想如何面對；這時候，我腦筋開始轉得飛快，想起曾與一位軍官練過一些洪拳的拳腳功夫，所以一次應付兩、三個不是問題，所以我決定每次就打兩、三個人，正式展開各個擊破的戰術。畢竟要集結眾人比較困難，不似我單兵作戰來得機動靈活。總之，我開始利用上廁所，在學校走廊活動，甚至是上體育課時，只要看到有落單或兩個的群體，我就把他們狠狠痛K一頓。

俗話說得好「不打不相識。」高雄人向來很顧面子和講義氣。事情演變到最後竟然沒有一個人向老師打小報告，他們也集合過幾次，每次都找十幾個人來堵我，可惜都讓我耍小聰明跑掉了。小時候，家裡附近的老軍官們，也教過我可用小石頭當暗器，加上自己有點小聰明，透過看日本電影，自己在家比劃練習，偷偷學會了忍者技術。有一天，他們大概研究出我回家的路線，結果被他們堵到了！大家知道接下來發生了什麼事嗎？

當時，我心裡早有準備，每天口袋裡都會先裝滿小石頭，這次終於狹路相逢了，心裡嘀咕著：「這一下終於可派上用場了。」我一邊用小石頭丟他們，同時也丟一些在地上，他們萬萬沒有料到，整個人踩在上面跌倒在地，而我趁他們跌倒時，一溜煙地便跑掉躲起來，直到天黑了，才敢回家。

事情發展至此，我覺得應該要來談判一下，而要談判，當然要老大出來做決定了。當時班上有一個老大叫「李餓」，他從來不參加欺負我的團體。他家裡很窮，總是打赤腳上學，而我因為實在無法負荷這種長時間的不平等對待，所以直接請「李餓」出來幫我跟大家和談。

他說：「小柯，你必須答應和保證不再K他們，他們也同意不再找你麻煩。」此時，我的台語已經大大的有進步，他們也比較能夠接受我了。「好的，大家以後井水不犯河水。」我一口答應。其實，我也是兵疲馬困，總不能天天這樣過日子，於是假裝勉強同意，倒是直到畢業，我都沒有和這些同學變成朋友，大家維持著某種相敬如賓的假象。兒時的學校生活，充斥著年少輕狂的叛逆，雖然也有被記過，甚至偶爾留校查看，但我想在強權下展現個人特色，挑戰權威甚至抽煙、打架，帶領同學罷課，到學校餐廳吃飯故意不排隊等，從這些脫序的行為中也不難發現，自己當時已具有相當獨特的個性。

人生 Memo

1. ______

2. ______

3. ______

1-4

進入如魚得水的國、高中時期

真正成功的人，絕不只靠自身實力，更懂得整合人際，創造更多價值。

一九六三年（民國五十二年）參加初中聯考，我考上了高雄八中，念了半年又轉學到左營的海青中學。一九六六年（民國五十五年）參加高中聯考，當時因為特別重情重義的個性魅力，我在同學當中算是極具號召力的一員，前些年在美國的海青同學，大家共同成立「海青同學會」，我還為此特別返台，前往高雄尋找沈天錢老師，邀請老師與師母到美國一遊，並參加同學會的晚會。

沈老師就是我的恩師，我在中學裡沒有變成小混混，全靠沈老師的耐心教導，沈老師怕我放學出去與壞孩子混，特為把我留下來做功課，引導我參加童子軍，還讓我進入沈老師創辦的海青中學鼓樂隊，「我特別特別感謝這位恩師，一切都是緣分吧！」找到沈老師時，我們聊得相當開心，只是因為沈老師身體欠安，不適合遠行，所以沒有辦法赴美與其他學生相聚，但老師還是很歡迎大家若有回台灣，一定要去看他！

在我念國中這個階段，台灣當時有聯考制度，放榜當天心情相當緊張，結果居然名落孫山，所以只好再報考道明中學和正修工專，這次幸運多了，兩所學校都錄取，母親當下明智決定，她跟我說：「你這麼好動，應該去念工專，若硬要參加大學聯考，未來陪考的機率肯定很高！」當然，知子莫若母，我也相當信任母親的觀察。

待選定科系，磨合個性後，我逐漸地開始發現嶄露了天分。我在正修工專念了五年的書，當時可說是如魚得水，參與各項活動可說非常活躍；後來，第四和第五年都連續擔任班代表，在工科三年級暑假由「成功嶺」回到學校開始四年級生的學期。開學時，班上的首要大事就是選舉班代表和幹部。當時在台灣，每所學校的每個班級，永遠都是只有成績好的同學往上提名，大家則在老師已經訂好的固定同學名單中選出班代。

同學會問我：「這些人只是會念書，為什麼要選他們？」、「沒辦法，這些都是聽話的好學生！」我半玩笑地說。當時候這實在不是大家所要的，成績好的同學並不見得就是好的領導和管理人才，而且因為絕大多數都是乖乖牌，老師或教官交待什麼，他們就做什麼。反觀此時的我，已經展現出年少時愛出風頭和當領導的特質，講義氣，夠朋友，而且加上獲得同學們的支持，「我出來競選班代表，可以嗎？」等待穩定了基本盤的選票就準備競選了。當我宣佈有競選時，班導師倒是有一點傻眼，他說：「這不合祖制呀！你確定……？」可是即便如此卻又無法禁止，只有讓我參選。

我平常在班上就與人為善，凡事主動幫忙，相對人緣就很好，不論是考試給建議或談戀愛追女生，我都會幫忙出錢、出力，所以結交的兄弟人數也多，看到我出來競選，大家自然知道以後會有好日子過了，所以班上一共四十二人，我得到二十八票，順利當選班代。然而這時卻發生了一件事情，就在我當選後的隔天，軍訓室竟宣佈我們的競選無效，「原因是什麼？老師和教官要給個交代！」我不服氣地嚷嚷，得到的結論是，做班代表必須操行分數在八十分以上才可以，而我的操行分數從小到大都只在勉強六十分的及格邊緣，話聽到這邊，實在是太悶了！

後來，我和幾個哥兒們查詢學生手冊和校規，以及教育部的規定，發覺都沒有這一條，所以，我們再度跑去跟老師要求：「老師，這太不公平了，根本沒有這一條規定！學校必須承認我們的選舉合法。」我據理力爭，結果，大家知道後來怎麼了嗎？有一天早上周會完畢。我們這一班被留下來。學校負責軍訓的總教官帶著另外四個軍訓教官，外加大約十個老師，大家把外面團團圍住……，總教官說：「大家不要怕，不要被別人威脅，教官會保護你們，現在我們重新選舉班代表」。

他們就點名了三個同學，當然我仍只有自己參加競選，投票的結果，全班四十二票全部投給我。看到這個結果，我實在太感動了，全班同學如此團結擁護，這是我此生都難忘的情景。結果，學校無奈之下只好讓我擔任班代表，而我也努力地幹了兩年班代，直到我們畢業為止。哈哈！如今想起來，當時還因為記過太多，所以要努力建功，才能功過相抵，我竟成為了補功的大王。但即使如此，我仍是帶著三個大過畢業……。

到了一九七一年（民國六十年），我終於勉強畢業了，也請了當時的導師跟四位老師一同吃飯，算是一次的謝師宴。直到今天，每年的一月一號，我們532的同班同學仍會相聚一堂，只是有些兄弟已經蒙主召見，先離開了！

人生 Memo

1. ______

2. ______

3. ______

1-5

難以忘懷的軍旅生活

「路選對了，再遙遠都會達到目標。」

——證嚴法師

當然經過了青少年時期，我在同學群中嶄露頭角，不僅鶴立雞群，也被選為班代表。更因這些年的鍛鍊，體格健壯，身手矯捷，在學校裡，各項運動都難不倒我，真可說是全校的風雲人物。除了柔道、空手道以外，我更是黑帶二段的高手，後來，畢業後幸運考取預備軍官，也赴成功嶺接受三個月的基本訓練，想起自己那時的表現真是太優秀了。而出乎我意料之外的是，我被派到特種部隊另外接受三個月的「特種軍官」教育，那段時間的特種軍官訓練，造就了我在創業路上百折不撓的精神與毅力，我甚至曾因在軍中表現優良，考慮留營服務。

那時的我，心中有凌雲壯志，很想當個軍人、員警，心裡想著，我有一身好功夫，有熱忱想要報效國家，也曾暗暗立志要在兩年時間裡當一名好軍人。所以我咬著牙，認真學習做一個優秀的少尉軍官，經過三個月受訓期的努力學習跟訓練，各學科成績均是全團第一，除了所應俱備的堅實武功基礎以外，在術科、戰技、射擊等方面更是駕輕就熟，得心應手。

有一回，在全師比賽中，我為聯隊捧回了一個又一個第一名，成為連長的愛將，受到許多老兵跟長官的讚賞，到處都吃得開。但人性就是這樣，當你意氣風發時，往往特別容易心高氣傲，當時留在連裡面當排長，每連連長可挑一名預官，想當然爾，我可是學術兩課皆優，連長自然要將我留在連裡。可是由於我的體魄跟術科均是上選，所以結訓時，我被上級派到「特種部隊」去接受軍官培訓，特種部隊待遇非常好，但訓練也是極為艱苦跟嚴苛，總共一百二十一位受訓軍官被軍車送到「特戰學校」。

記得報到的那天傍晚，有些同學看到一張張六人座的晚餐桌上放了排骨、煎鯧魚、梅菜扣肉、紅燒豬腳、炒小白菜等豐盛菜餚與大米飯，大部分同學們心頭就襲來一陣緊張，有的甚至掉下了眼淚，因為我們心裡有數，只有賣命的單位才能吃那麼好！**不過，我一點都不擔心，反而很興奮地接受挑戰**。

當時，特種部隊人員必須接受多種訓練，像是阻擊、突擊、跳傘、爆破、擒拿、格鬥、柔術、功夫、情報、戰技、海訓、山訓、寒訓等等，真可說是十八般武藝樣樣俱全，三個月的訓練，我樂在其中，「**都是第一名畢業！**」**我心裡非常驕傲**，後來被分派到第一大隊，繼續進行為時三個月的少尉組長實習，接受的全是美式特種部隊訓練。等到大隊實習已經結束時，上級宣佈要在一百零五名結業學員中（訓練時已經陸續淘汰了一些人），選出五名學員可以留在特種部隊，其餘一百多學員全部外留野戰部隊當排長，我當然是被選中者之一，且是特種部隊的「保傘隊」！

一九七二年，我正式成為特種部隊保傘隊的少尉軍官，福利待遇比一般部隊好上數倍，甚至已高於當時大學畢業生的起薪。在保傘隊服役期間，我學會了如何折疊降落傘、保養傘、特種跳傘、跳傘長等各項戰技，甚至受到大隊長及各長官的器重，大家都問我：「你可以嗎？」，而我均自信滿滿地說：「我可以！請給我挑戰！」故而又接受了很多特種訓練，執行很多特種任務，並且支援過空降部隊，有幸與聲名赫赫的神龍小組隊長張繼善一起工作。由於英文程度還算不錯，台灣第一個長方形的降落傘的使用手冊就是由我翻譯完成的，我還當過美軍特戰部隊的翻譯官，與美軍一起研習、執行任務。等到快退役前，保傘隊大隊長和特種部隊司令員都表示，希望我可以志願留營，他們甚至願意破格晉升我為上尉。

那個年代，特種部隊上尉軍官薪資待遇，可與企業部門的經理階層比肩，我當時真心想要成為職業軍人，而且立志一定要當上將軍！軍隊生活可將一個大男孩鍛鍊成為一個真正的男子漢，對將來的成長發展具有極大的積極作用，而且能夠養成一個人的愛國情操。

現在回想起來，依舊覺得相當光榮：「我們經歷了山訓、海訓、寒訓、擒拿、格鬥、爆破、跳傘這些超級嚴格訓練，大家可以想像嗎？完全不行，我們即使受傷了，全身都沒有力氣了，還得保持著繼續往前爬行的毅力。」當時台灣正值兩岸緊張時期，我真的非常想要繼續留營，甚至轉做情報人員。但我的母親這時問我：「你知道留營後要做什麼嗎？我們其實並不太贊成，因為家中只有你一位男孩，你還有其他未盡的責任要做，報效國家其實還有很多方法！」由於父母顧慮，以及身為家中唯一獨子，我毅然為了家庭因素而作罷，選擇了創業經商的路，然而即便如此，我仍不忘報效台灣、愛台灣，我也愛我父母的湖北的故鄉，也愛中國。

當時特種部隊的編組方式，是以省份為編制，當時我被派去就是兩湖大隊（湖北、湖南）組織被派任擔任遊擊隊，其他如：兩廣大隊（廣東廣西）兩山大隊（山東山西）兩江大隊（浙江江蘇），為了很多理由也要學習簡體字，還有情報蒐集的工作，當時，我的職務是負責情報跟暗殺，特種部隊中還有一個衛戍大隊，專門保護當時的總統蔣中正先生，這些都是我人生中很重要的經歷。我終身感激在軍中的訓練和服兵役的經驗，這些經歷培養了我堅毅的精神和毅力，幫助我克服種種困難，讓我因此擁有正直、忠義且端正做人、做事的準則！

人生 Memo

1. ______

2. ______

3. ______

1-6 美國工作貴人會計主任

掌握命運的方式很簡單，只要遠離懶惰就可以了。

預備軍官退役後，我於一九七三年八月十日前往美國繼續深造，當時是白天上學，晚上打工，靠著半工半讀的方式支撐我的求學生涯。記得曾在某個餐館洗盤子時遇到一個老闆娘，她要求我掃廁所，我在廁所前站了將近三十分鐘，一口氣怎麼樣也嚥不下去……。她看到我的反應，悠悠地說道：「你為什麼來美國，你忘了嗎？」當下，我放下驕傲的自尊心，我跟自己說，「我會在美國努力往上爬，大丈夫能屈能伸，我一定要努力向上，出人頭地，今天不過就是洗廁所！」我到美國時是一九七三年，當年的我剛滿二十一歲，由美國最最底層的洗碗工爬到如今有一點小事業，有能力奉養父母和岳母，幫助兄弟姐妹及親朋好友，許多的慈善捐贈也沒落下，一家人幸福美滿，我天天都在感恩，也從來沒有忘記過我曾經是個洗碗工！

一九七三年到一九七四年，我當時在加州大學念土木工程，後來轉念商學院，一九七七年順利取得商業碩士。當時，我遇到了我人生中的貴人之一，打工餐廳的會計主任。因為學校不管選修多少個學分，學費都是一樣的，為了省時省錢，讓我有更多的時間學習跟進修，所以我特別把握時間積極進取。記得當我來到舊金山留學時，我起先在加州戴維斯分校土木工程系讀大三，但其實我對這土木專業毫無興趣，那時有出現了一個沒有明確方向感的迷惘時期，回想起來呀！「科系的內容覺得沒有共鳴，我每天覺得恍恍惚惚，枯燥乏味極了！」心中當時有一股氣不知道如何發洩，後來，我才毅然轉入商學系，當時，戴維斯沒有商學系，柏克萊又因為我的成績太差了不收，結果，我進了一所名為「阿姆斯壯」的私立大學，貪圖的就是時間寶貴！白天上課，晚上打工，我只用了一年的時間就完成學業，順利拿到學士學位。

大學畢業後，我來到安特拉財務公司工作半年，因為覺得沒有什麼大前途，所以就辭職返校攻讀碩士。其實，我當時已意識到碩士學位和學業成績的重要，學習極為努力，最後，我以全校第一名的成績畢業。

回想這段歷程，其實還有個特別的小插曲，那就是假設我想盡快取得學位，我應該怎麼做呢？我想了一想，直接去找商學院院長商討，經過商學院長的特別批准，因為課業表現績優，第一個學期得到了A，所以後來，商學院長願意讓我在後面幾個學期選修十五學分，五門課程（一般都是選擇三門課，九個學分），所以我在九個月（三個學期）內便把碩士課程念完了，甚至在攻讀學士跟碩士學位時，生活費和學費都是靠自己打工賺出來的。當時，學校讓我這個清貧學生每學期分三期繳付學費，開學交三分之一，期中考交三分之一，期末考再交三分之一，但是，在參與碩士考試時，是必須額外繳交二百元美金為碩士學位考試費用的，說起來，我實在湊不出來這筆錢，而我打工的錢，由於現實考量，真的也只夠交學費和少的可憐的生活費，東扣西扣也沒有多少積蓄，那該如何是好？在海外人生地不熟，我要去哪兒籌備我的學費……？當時的我在街頭想了很久。

於是，我來到自己打工的美國餐館，硬著頭皮跟老闆預支二百元美金。想不到，老闆居然答應了，會計主任拿了二百元現金給我，並且說了一聲「Best Luck！」；當時自己心裡也沒有多想，因為考試迫在眼前，只能心無旁騖地認真準備，還好我準備周全且認真，一路過關斬將，順利通過碩士論文的口試與筆試。日後也本本份份地省吃儉用，希望盡快存到二百元美金，可以拿去還給餐廳老闆。

我還記得，會計主任說支票開給她就可以了。我問她：「不是應該開給公司嗎？」她這才告訴我公司（餐館）不可能預支薪水而是她私人先借給我的，這個答案是我萬萬沒有想到的，當下心裡五味雜陳非常感動，自己在美國求學這四年的心酸苦楚突然全部崩潰，一個大男人蹲在她的辦公室裡痛哭流涕。而這位會計主任告訴我：「沒關係的，我很欽佩你努力求學和努力工作，只要記得以後若有能力幫助別人，就請儘量幫忙。」而這成為我這一生的為人的基本信條之一。

有一年，我記得在清華大學演講，由於連續三年捐款資助清華大學的貧困生，曾有學生問我：「柯先生，商人都是想要利益回報的，難道您不要回報嗎？」我回答道：「我希望每個領取獎學金的學生，在自己具備能力的時候，一定要幫助那些需要幫助的人，這就是我要而且非要不可的回報。」

當然，後來我在美國加州 Davis 大學就讀土木工程，後來轉讀商學院，並於一九七七年獲得阿姆斯壯大學商學系碩士學位。完成學業後，我的第一份工作是當時美國三大電腦公司之一的CDC，公司位於明尼蘇達州的雙子城，我在總公司的「專業技術部」工作，一路晉升到 Consultant 的職務。一九七九年轉進北方通訊公司擔任財務分析，財務計畫經理，公司策略協理，時年二十九歲的我（一九八一年轉調到BNR）就晉升為美國公司的副總經理，直到一九八二年成立了特科集團，經營至今。

★人生處處是貴人，知恩感恩

一九九八年，我已是南加州特科集團公司（TECHKO）總裁，特別邀請年過花甲的林默斯卡先生，到台灣與大陸參觀我所有的工廠與公司。一路上，我為林莫斯卡先生規劃頭等機位，住一流旅館，並讓全公司員工在大門口列隊歡迎他的到訪，林莫斯卡先生就是我的出社會後的另一位貴人和恩師。

回溯到一九七七年，當年的我，只是一個沒有社會資歷的新鮮人，才剛獲得商學系碩士學位，剛好CDC公司到學校招聘，所以我就接受了當時美國三大電腦公司之一的CDC公司專業技術部的聘請，來到位於明尼蘇達州的雙子城的公司總部任職。記得上班當天，在付掉七美元計程車費，並加付一美元小費之後，我口袋裡只剩下了區區十二美元，所以當公司接待處小姐問我：「我能為你做些什麼？」時，我想都沒想便脫口而出：「我要借一百美元，否則接下來就沒飯吃，甚至也住不起酒店房間。」接待小姐聽後哈哈大笑，原來公司早知道這些新受聘的窮學生之所需，所以早將住店、租車、零花錢等都安排好了，而給了我人生第一個就職機會的人就是林莫斯卡先生。

林莫斯卡先生讓我負責將商業軟體一一轉換成「預算計畫」、「損益表試算」、「平衡表」等適合公司財務策畫主管使用的易用商品，並主動協助業務部發展業務，致使自己負責的部門每月業務量成倍增長，林莫斯卡先生真的對我相當賞識，不斷地給我加薪晉級的機會，兩年後，我就從初級分析員晉升到高級顧問，工資翻了一倍，贏得了一般雇員需要十年時間才能取得的資歷，這在當時競爭激烈的美國，可說是多麼重要的工作資歷！

更何況，在七〇年代，在電腦軟體服務此行業，經常需要出去跑業務與演講，放眼望去，擔任此項工作的幾乎清一色均是白人，所以，每當我上台講課，台下聽課的人群往往都會大吃一驚：「怎麼會是個中國人來上課？」林莫斯卡先生總是鼓勵我，不斷給我機會磨練演說技巧跟應變能力。後來，雄心勃勃的我選擇離開ＣＤＣ，被聘請到更適合自身所學、薪水又多三成的北方通訊公司（Nortel）擔任高級財務計畫專員，當時我的內心深處對ＣＤＣ公司的同事跟林莫斯卡先生充滿了感激之情，在CDC這兩年半的時間裡，我不僅學到了不少東西，更培養了專業精神、良好的工作觀念以及習慣，英文也有大幅的進步。正所謂萬事起頭難，在競爭激烈的環境中還願意給新鮮人磨練的機會，我們自當更要加倍珍惜！

我非常感謝林莫斯卡公司先生給我工作機會，讓我進入美國大公司的主流社會，以及對我在各方面的栽培。此後，我一直和林莫斯卡先生保持聯繫，後來我也邀請林莫斯卡先生到台灣和大陸參觀公司的生產基地，但這絕對不是為了向那位老上司炫耀自己的成就，而只是想要藉此機會對他表達積在心底多年的敬意。知恩必報，念舊之心一往情深，很慶幸我從未變過，始終是這樣一個人，不論事業發展有多大，初衷永不變！

回想當年，邀請林莫斯卡先生參觀工廠時，當時美國知名華人領袖陳李琬若小姐曾報導一篇〈忠義大俠——柯約瑟〉，特科集團二〇〇一年年營銷總額已達數千萬美元，員工總數為五百人，其家用安全系統產品自創品牌，在美國的市場佔有率高達八成，公司的辦公設備系列產品，在美國的市場佔有率也名列第一，在美國中小企業中，特科集團早已是出類拔萃的佼佼者，陳李琬若小姐當時在美國已經是重要的知名人物，她是第一個華人美國的女市長，也是美國民主黨亞裔的代表和領袖，在美國政壇上面有相當的影響力，說來也是我極為敬重的一位貴人。

人生 Memo

1. ______

2. ______

3. ______

1-7

一個引薦轉變了我的人生

如果人對了，那什麼事都會對了！

人生有時很像在走地圖，每到一個選擇交叉點，身邊若有高人指點，往往就會改變之後的人生軌跡，這些神聖的機會就這樣一直在我身上發生，所以我的記憶也特別深刻。

其中，我最記得在自己創業後的貴人 Mr. Bill Byron，當年我完全不了解電話通訊零售的銷售市場，要從 B-To-B 改變成 B-To-C，實在毫無頭緒。在這一領域中，我完全沒有經驗，有一天，我居然在一個購物中心裡，遇見當年大學裡的一個女同學，Judy Byron。當我在購物時，她叫住我，記得當年在大學上課的時候，這位女同學曾經跟我分享過很多課業上的學習方式，因為當時他們跟日本人相處很融洽，對東方人相當有好感，只可惜大學畢業後大家就各自散掉了。後來，我們找了一個地方坐下來喝咖啡，閒聊道：「現在轉到了銷售電話，實在不知道該怎麼賣！」她一聽，跟我說她爸爸是三陽消費電子的總經理：「你打個電話給我爸爸，看看他能否幫上什麼忙？教教你應該怎麼做？」

當時，三陽的商品電子消費產品在美國相當暢銷，因為他請我打電話給她的爸爸，於是我硬著頭皮打電話請教了，沒想到她爸爸也很友善：「OK，既然你是Judy的同學，那就好好談一下吧。」我前往他的公司向他請教，問他：「我不知道該從哪兒開始這些銷售的方式？應該怎麼辦？」

他說：「現在是上班時間，我也沒有辦法回答你。」

我就說：「能不能請你當我的顧問？」

他說：「這倒是可以談。」

於是我請教他：「那麼伯父您的顧問費要怎麼算？」

他說：「請我吃個便飯就好了。」

於是，我們就約了一個時間，找了一家口碑很好的牛排館，我請他吃飯，席間也聊得很開心，他跟我說：「首先，請提供給我幾個人名。第二，想在美國做通路，你一定要自己跑，才能充分掌握，而不是請人來做業務經理。第三，在美國沒有東方人跑業務，因為都是白人，所以你個人信心要充足……」當時我單純想要雇用白人當我的業務經理，他聽完後反駁說道：「你錯了，這個想法不對，你既然已在美國取得學位，就要對自己有信心，不要犯了日本人曾犯的錯，日本人在美國不跑業務，所以日本公司多半都被美國人掌握，在一個小公司建立之初，記得一定要自己去跑業務，老闆自己掌握通路。」聽他講完，我嚇到全身發抖，心想，我一個東方人如何去掌握這些業務？但後來我還是沒有雇業務經理，倒是聘了好幾位業務代表，我自己則帶隊衝鋒陷陣，勤跑各大通路跟業務，所以我後期對美國零售業通路相當熟悉，這段時間的奠基，功不可沒。

「當然，我們人生中所謂的貴人，並不是他真的牽著你的手到處走，或是他實質上對你有什麼經濟的幫助，或是送你什麼東西。這位總經理也只是跟我吃了一頓晚餐，給了我兩個人名跟電話，其他剩下的步驟都必須靠你自己力行跟自發學習，當老天爺送了貴人給你，你必須接住而且發揮出來。」畢竟人生心存感恩，到處都是貴人。

人生 Memo

1. ______

2. ______

3. ______

1-8

我的南越特種部隊兄弟

使我深受感動的不是他們的苦難，因為苦難到處都有；使我感動的是，他們面對苦難時的精實、樂觀與勇氣。

——張忠謀

在國外的生活總是多采多姿，因為我廣結善緣的個性，也結識了很多好朋友。

有一度，我在地方上比較活躍，而且主動幫助了許多我們城市以及地方上的人，例如基礎建設、治安問題以及解決華人社區的事情等。尤其是在建立中文學校時，我曾與許多熱心的朋友一起解決學校面臨的問題，至今印象深刻。

記得距離我們居住的城市不遠處還有另外一個城市，又名「小西貢」，絕大部分都是早年越南戰爭以後逃亡來美國的越南軍民。當他們得知我以前在台灣服過兵役當過軍人，大家都很好奇：「你曾經是個軍人嗎？那麼有興趣一起來參加活動嗎？」我就去參加他們南越南的國慶日，與他們當初的軍人們，一起聚餐會面。

其中有一點令我非常驚訝的是，雖然在美國「小西貢」，市區內卻到處懸掛著南越南的國旗。聚會時我更觀察到，絕大部分的人仍然穿著整齊的南越南軍裝。當他們在唱南越南國歌時，我更看到不少人都掉下眼淚。我當下由衷欽佩，心想「這就是一份愛國心。」畢竟南越南已經亡國了，可是仍然活在他們的心中。更令我驚訝的是，碰到幾個美國特種部隊的軍人，和他們聊天後方才得知他們也是應邀來參加聚會，同時看看當初他們一起出生入死的越南兄弟們。宴會結束，回想了多年前和當年我在台灣特種部隊服役的過程和情景，心中不免惻然。

後來，妹妹的兒子要結婚了，但對方是保守的越南華僑家族，也是當初經過千辛萬苦全家逃難來美國。還好家人都安全來到美國，女方家長就有十來個兄弟姐妹，而且還是祖父和祖母都還健在的大家族，大夥兒隨便聚一聚就是百餘人。而家族之間仍是謹遵中國的傳統，所以，女方要求做舅舅的我，早上六點就得親自上門去提親。當然，我和老婆大人自是欣然接受任務，早早便備妥禮物準時上門提親，提親過程也可說是相當融洽！

大家相談甚歡，情緒非常熱烈，就在我們預備離開之前，女方的父親，鄧贏士官長表示，自己當年也曾在南越南的特種部隊服役，也因此，大家感覺更親近了。女方家長說道自己每年都會去參加美國特種部隊的聚會，跟同僚一起喝酒吹牛，「想當年呀！在軍隊裡……」把酒言歡中，我們不免大談當初年輕時的英雄事蹟，也就聽聞鄧贏（人名）戰後和他的父親被關了一年，在被放出來之後，為了生活考量，他們變賣了所有的東西偷偷的買了一條漁船把全家人一起偷渡到了香港，因為過去在南越軍隊服役和美軍一起作戰過，很快的就申請到去美國的名額。

話題越聊越開，席間有另外一位親友也是軍官，他也提到：「南越南被佔領時，自己還在外面出任務，怎麼也不相信南越南已經亡了！」壓下心裡的傷心，繼續和越共戰鬥。一直等到他的指揮官去和他解釋才投降了。他也因此上了《時代》雜誌的封面稱為「南越南最後的士兵」！當初他答應投降的條件就是同意送他和他的隊友去美國，所以他們也就到了美國。

另外一個小隊長當越共打進「西貢」時，帶著他的小隊逃離出來……，全隊只有簡單的武器，沒有任何通信設備。而此時，空中仍有美軍的直升機在盤旋偵察，找尋失聯的美軍或越南軍人。此時正好不知為什麼會有一個兄弟跑出來，並且找到一個刮鬍子的小鏡子，他們就利用這一面小鏡子製造反光，讓直升機把大家都帶回了美軍的軍艦上，平安抵達美國，上述這些經歷都讓在座的親友們驚歎不已。

另外很有趣的是，幾乎每個人都在手機裡儲存了自己當初越南戰爭時代的所有年輕時的照片，我也想起我自己這一生在海外奮鬥的過程，一晃眼也已數十載了，雖然只是聊天話當年，然而這些過程，實則深深影響了我們每個人的一生。

人生 Memo

1.

2.

3.

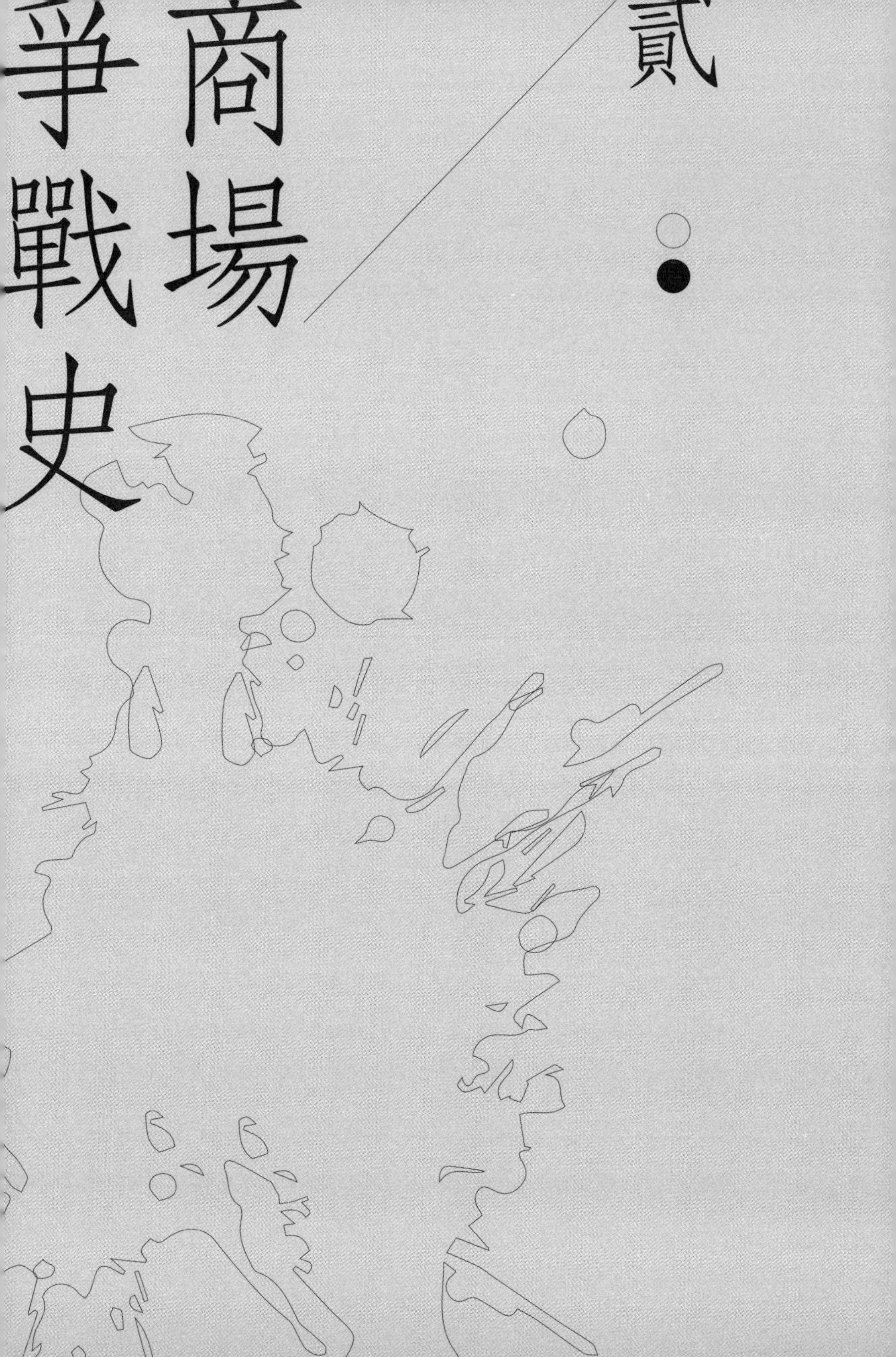
貳
商場爭戰史

常言道：「疑人不用，用人不疑。」很多人企業老闆將這句話奉為圭臬，而我卻覺得，這句話不知道已經害死多少的企業家和公司，至少在我的商場爭戰中，眾多企業主，總是被此話所害。當然也包含我也是受害者！

深究其中的原因後，我漸漸推敲了其中的道理；原因是，通常身邊帶上幾年後的幹部或職員，因為深獲企業主的信任，進而委以重任，防心自然鬆懈下來。此時，就有可能經歷背叛與傷害，這往往就是問題所在。所以，我在第二章所描述，自己創業中遭遇的風浪，多半就來自於缺少「防人之心」！

我這一生幫助過許多人，但說真的，日後記得回頭來報恩者，卻是少之又少；這讓我體認到，人人皆曰「人性本善」，不是嗎？哈哈……總之，奉勸大家一句，看完了以下的人生故事之後，時時提醒自己，謹慎考察身邊的人。

在管理公司上，千萬不可以被這一句八股的老話給耽誤了；想要管理公司，建議要理智而絕對不能情感用事。我自己本身犯了太多次這種錯誤。每一次講江湖道義，兄弟之情，結果受到傷害，被此話反噬的，總是我自己。

2-1

勇闖美國商界

On Time is late.（準時就是遲到！）

直到現在記憶還是非常深刻，當年部門中，連我大概有十個人都是MBA。公司揀選人才的素質都相當高水準，在十個MBA中，有九個都是白人甚至是出身名校，例如HAVARD（哈佛）、COLUMBIA（哥倫比亞）、史丹佛大學之類，可說都是美國最有名的商業碩士，甫入職場的我，當時非常想要脫穎而出，心裡面對這種競爭時只有一個想法，就是要勝出，表面上大家是同事，但是鬥爭激烈，所以沒有犯錯跟彌補的時間，在做出動作那一刻，心裡隨時都想著，每一步都要贏！

當時美國職場生態相當穩定，美國人上下班準時，八點鐘上班一定到，也相當少的遲到，大概約七點五十五分到八點之間抵達，但也不會太早到，下班五點鐘，也不會早走，可是五點鐘，他們已經聽到「咚！」一聲響起，一定準時下班走人，大家通常都不會留下來加班，經理級以上者，也許偶爾會有加班的情形，但並不多見。

如果是一般職員，這種情況則相當少有，除非工作出現突發狀況，當時，我們公司內部就是一個競爭團隊，記得自己當時每天最晚早上七點一定出現在公司，有事做事、沒事就閱讀各類書籍，我曾讀過一本英文書，書名是《GAMES MAN》，就是玩遊戲的人，書中教育我們如何留在公司裡，晉升以及提升自我的書，另一本書就是《WHAT COLOR IS YOUR Parachute？》後來，回到台灣熟讀《孫子兵法》後，我發現遠比外國的各種策略性書籍還要好。當時，**試問一個職場新鮮人，將如何與美國的優秀同事競爭呢？**我想了一個方式！第一個就是在上班時間爭取，假設這些同事在八點到五點時間內準時上下班，我個人呢，約莫最晚七點鐘一定抵達公司，以配合公司主管（經理們）七點半的時間，假設有提早的時間，我就會善加利用，藉以作為個人的進修時間。有時六點半就到公司，而經理們是每日下午四點半準時開管理會議，會中討論公司今天的工作及明天的待辦事項，因為當會議結束回到辦公室，通常大約是五點整或五點五分，經理們都要準時下班。

為了提升個人競爭力，我開始先依照每人的行程，抓準空檔，如果經理需要人力協助明天待辦的報告，我永遠都會在辦公室裡待命，預備協助，憑藉著幾次下來的接觸，讓經理建立了好的印象，凸顯出我們東方人的吃苦耐勞的優勢，經理每回都發現，當多數美國同事都已下班離開公司時，依舊待在辦公室的人就是我，故而自然地，主管開始與我建立了一份特殊的溝通模式，彼此互相信任和依靠，這也造就了我日後升遷的機緣，認認真真、本本份份看待工作，也用心付出時間成本跟代價。

當時候，我的主管（經理）也很納悶，為何我工作上會有這樣的習慣？我回答他：「I was a soldier.（我是一個軍人），過往的經驗就是對長官命令服從，已成為了習慣。多做事情多學習；越有困難越有挑戰。克服了困難就是自己的提升。」而另一個競爭條件，就是要瞭解對手的狀況，這九個白人競爭者都在美國出生，具備相當好的背景條件，不論外貌、家世、學問都相當出色，要如何在這群競爭者中脫穎而出！除了上述提到的勤勞外，另一重要的關鍵就是學識。

美國絕大部分的大學生都犯了一個社會新鮮人常有的毛病；畢業之後就停止學習及閱讀，但**我依然孜孜不倦的閱讀，養成廣泛的興趣與知識**，後來在財務計畫部裡有很多特別的專案計畫（project），我曾遇上很多美國同事工作態度不佳，不懂就不做，然而此時的我雖然不懂，但我願意學習，主動積極去探究（research），在態度和行為上當然超越了所有同事。

最後是時代造英雄，畢竟在那個時代中，我懂得電腦，從過去公司的經驗，學會了使用computer model，雖然就是現在的Excel程式，但在當時的時代中，懂得電腦計算式的人較少，運用在財務部門的專案計畫案中，多數人需要一至兩天的時間運算出來，而我可以快速的透過電腦程式執行在一分鐘內就精算出結果，所以，**在工作執行效率上，也大幅領先其他競爭對手**。

當時經理升協理的職缺恰巧空了出來，我心想：「我進公司的年資根本不到半年，大概是沒有希望了！」結果一宣佈是由我升任經理，全部其他九個競爭者都直呼：「怎麼可能？」臉上透露出一臉不可置信，當然連我自己都不太相信，可是卻要壓抑下內心的喜悅，臉上表情依然非常平靜，但下一秒，我非常確定，我的戰略對了——勤快，永遠都建立了「Yes，Sir！」的好印象。

當時在一九七九年，我要教授現在的Excel，可是我的英文程度不太流利，我真的下了很大的功夫，當時，有一位前輩跟我說：「重點不是你的英文好不好，這可以多練習！重要的是在我們的顧問部門，你的熱忱才是最重要的工作能力！」聽了這番勉勵，我後來還得到了工作最棒的顧問獎，從此步步高升，從經理到協理、襄理，最後得以高升到其他部門任命「副總經理」一職，專門管理財務跟行政，且當時這份職務與總經理是平行的，也因為有此機會我們管理財務跟行政的部門，可以與總公司的副總裁直接回報。此外也透過財務以及行政部門，可以向下管理業務以及管理發展，避免部門內不必要的財務支出，如零用金、浮報交通費等，在當時這可是一個監控業務部門的單位，重要性可見一斑。

到了一九八一年，當時我擔任副總經理，與公司的聘雇關係已改為合約制的模式，與公司配合的方式並非固定薪資制度，除了底薪外，更依據在公司所接受的任務跟目標來決定分紅。舉個例子來說：我調到財務控管單位時，本來每年賠了一千萬美金，假使我運用了管理策略讓公司不賠錢，那麼我第一年便可拿回二十五萬美金的分紅。在一九八一年的時候，這筆錢可是足以馬上買下一棟房子！得到這筆獎金，對我來說是極大的鼓勵，雖然我第一年就把目標達成，但是相對的，很多問題也開始浮現……。

這是美國大公司的管理制度，因為不是有個目標一直在調整，反之，就會把公司的開支看得很緊，然後呢？當你把開支規定得很緊，就會引起員工強大的反彈，舉例來說：公司在加州有五百多人，另一個在密西根州有兩百多人，我們中午有個餐廳，在外面的三明治，銷售價格為三塊美金（約合新台幣九十三元），在公司內部則以三毛美金（約合新台幣十塊錢）販售，倘若公司有五百名員工吃中餐，以三毛美金的價格來看，公司連攤平成本都不夠！

再從公司角度來說，表面看起來有盈餘，是一個針對員工提供的公司福利，那假設公司現下賠錢呢？這樣的一個福利制度不就成為虧損的漏洞！於是，在我的職責跟角色上，我決定更動這個福利，我把公司的中餐定價為二點五五元（約合新台幣七十九元），定價依然比外面便宜，但員工們的心態還是興起了非常大的轉折，畢竟，員工需要支付的金額增加了，從三毛錢漲為二塊二毛五，這個決定頓時掀起軒然大波！大家都在問，究竟是誰改了這個政策？

事情發展到最後，終於揪出是一個華人副總「China Joe」大刀闊斧的整頓，他抓出公司許多浪費的漏洞，公司畢竟是以人為組成的管理體制，不論是美國人、台灣人、馬來西亞人，這都是由「人」所組成，可以從細微之處發現一些部門調整的地方。例如我們公司加班費非常高，那麼在加班費申請制度上，只要是主管批准了之後，員工填了工作時間，主管簽核後、進門也有進出警衛的簽核，每天加班費，怎麼那麼高？將近幾百萬美金，在財務報表的查詢，都是由大項開始逐條表列，進而查詢到小項目，赫然發現，當時相當多員工在五點鐘下班時外出吃晚飯，按照規定要在警衛處簽加班，而到了晚上十點時再簽名離開，因為我過去曾經做過警探的工作，居然靠這份這敏感度發現，居然有員工六點就離開公司，其實並沒有加班，但他還是在晚上十點回來簽離，表示他有加班……，靠著這樣的管理漏洞，他便多浮報了四小時加班費，而且這樣做的員工人數還不少呢！這對公司長年下來會是一筆多麼大的損失啊？

我升上副總時，年紀約二十八、九歲，為了執行總公司的任務，也讓我在辦公室的人際關係降到冰點！每每在員工餐廳用餐，其他桌子全滿，但卻沒有一個同事會過來跟我一起坐，因為大家已經幫我貼上了「找麻煩的人」的標籤。在那種管理制度下，我們變成了所有員工的敵人，公司或許非常強調理性管理，但卻忽略了人性，我在深入探究檢討後，釐清了管理細項中必須補強一項就是控制者，用以控管公司的任何浪費。記得我當時設定的目標，就是想要做管控者的高手，剛出道只賺二十五萬美金，我們是合約制的財務控管（危機管理的專家），因為公司賠錢，整理好之後，讓公司市值拉上來了，提高公司的利潤，跟打合約的部分，透過我們將這些數字指標訂定出來，當然，無法歸納成人性化管理，因為一切都是非常理性、而且非常數字化，依據財務計畫而修訂目標，依照最後達成業績分發分紅跟獎金。

假設，大家的表現並沒有達到損益表或資產負債表的比例，就會有員工被要求離職，所以擔任管理職（manager）的人，假使我一直做這個行業，過個五年，每年將會有一千萬年薪以上，那時還是較小的專案約每年一億美金，如果是控管較大的專案，幾百億的公司，合約會擬定，每年多賺一億美金，便可拿到千萬分紅。所以，在那個行業裡有一句行話：「I make my own bonus!」協助公司多賺一億美金，得到一千萬分紅，這都是相當合理的，通常我們可得到兩成，在美國有很多高手，大家形成了一個集團（經紀公司），從這樣的小案子開始做出名聲，最後便會有人主動來找你。只不過這種賺快錢的喜悅並沒有感染到我，我覺得自己已經變成賺錢機器，絲毫沒有人情味了！

當時的我以理性為導向，但這也影響了我的生活及家庭，也與我的個人特質不符，內心相當糾結！後來，我可慮了許久，終於下定決心，覺得若一直這樣下去實在不值得，於是在合約期限終結後，我便離開這份工作了。

人生 Memo

1. ______

2. ______

3. ______

2-2

收購公司，改變市場客源

何時是我的人生創業轉折？商品市場族群，決定了業務獲利。

一九八二年，這個工作合約結束，公司原本希望我去負責東部的工廠業務，主要是增加利潤，然而在評估家人都在加州，於是我婉拒了這份工作，揣著自己的第一桶金，毅然決然地收購了一間小型企業。

那年我正好三十歲，這個小公司名為「Hybrid Electronic」，雖然聽起來像是科技公司，做的卻是「絲印」的材料，利用油墨印染來印製 T-shirt 等印製品。這家電子公司本是賣材料給電子廠商，但因電子 PC 版的線路多採用絲印的方式，我當時想創業的心思很強烈，心想這個小公司的營業額尚可，公司所需的金流也不大，「賺大錢不敢想，但想賠錢應該也不太可能！」加上過去整頓公司的經驗，「就像我若要開個牛肉麵店，也要重新規劃，從無到有，假設我買個現成的，改改牛肉麵配方，搞不好生意就好了，就賺錢了！買對了，搞不好比重開還便宜，而且一開門就有生意。」待評估了一下就損益表單來說是值得投資的企業，倘若要重新開始一家新公司，一切從頭開始，需要投注更多的時間以及人力成本，多番評估之下，我決定收購此公司。

開始營運後，我發現結果並不如人意，「客戶就是做ＰＣ版，照理來說也應該不錯，為什麼會生意一直沒有起色呢？」我發現「因為電子ＰＣ版一旦做好，不會改，甚至可以用很久……。因為不用每天換，當然就沒有辦法增加營業額！」後來，我就去詢問上游賣油墨的公司區經理：「你們業績主要來源銷售量最大的客戶是什麼類型？」這才發現大宗使用油墨絲染的客戶都是做衣服的，反而不是電子廠商，這才是公司業績遲遲未見起色的原因。**開拓客源為基本創業敏感度，知道要賣給誰就不會賠錢。**

當我接手後，我大幅增加很多賣T-shirt的客戶（印球隊、印學校、印公司的T-shirt），業務大幅轉型，專門針對T-shirt印製，拉高業績來源，做出改善後，公司業績量從一倍暴增為五倍！製程過程中，油墨量、底片、絲綢使用量全數增加，「本來公司業績才十萬美金，後來變成了五十萬美金！透過改善，公司業績量大增！公司賺錢，再次證明我的策略和戰略眼光，而積極改變及採取行動也是一大助力。」轉一個念頭，改變一下營運策略，我再次成功改造了一個企業。

但以當時來說，這家小型企業的營收雖然滿足了我生活上的需求，但公司的格局及規模仍遠遠及不上我強大的企圖心，距離我霸業的版圖上還是相當遙遠。「區域性的公司，腹地規模太小了，業務範圍限制在舊金山附近，我要如何才做出更大的規模？」……這個想法一直在我心中呼喚著我。

一九八二年至一九八三年，正逢台灣電子展，過去在通訊市場的經驗，讓我在這個產業具有深入的瞭解跟研究。「**要做自己熟的生意，這才是做生意的不二法門。**」我希望可在通訊展上找到一項通訊設備，引進美國市場去銷售，正好在這個時間點，美國的政策改變了，美國向來的通訊設備都由政府控制，現在剛好開放給民間企業經營，所以市場需求量相當驚人。同時，因為看準了這一波的大好時勢，我毅然決然決定在一九八三年初引進一千台家用型的電話機，運送到美國做銷售，有了公司、也開始進行海外的貿易，「電話根本還有落地，就已經被賣光光了，市場需求量真的太大了！也再次證明瞭我的採購眼光，符合市場需求的稀少，馬上就被搶購一空了！當時的銷量真是太大了！」

年輕時的我開始講究謀略，也懂得試試水溫，賣的客戶也還不是正式電子通路，我只不過是打個電話給超市通路，結果對方就馬上說：「什麼商品呀？你有多少量呀？那就全部都給我吧。」當下的回覆讓我心裡十分震撼「有這麼好的機會！莫非這就是命！」心想這組商品簡直是太精準了，完全符合美國內部市場的需求，甚至還有可能供不應求的狀況。

我們要瞭解國際貿易中是有經濟學的供需原則（Law of Demand and Supply），也就是說，當時候也有很多人預購，現在有很多人問我：「馬上預備新貨物入倉嗎？」回頭想想，當時年紀輕，還沒有那麼有經驗，反應那麼聰明，一開始創業者沒有經驗，**首要，先弄清楚情況有可能是運氣，更重要確認市場供需究竟有多大？真的是需求量大所導致，還是不小心亂槍打鳥打中罷了**。

當時我手上業務繁忙，同時，由台灣引進的電話在美國大賣後，我馬上再飛回來台灣接洽新商品，同時並把 Hybrid Electronic 公司賣掉，利用這些資金來投資代理商品，頭腦一直動得很快！只要有獲利，就轉換投資標的。所以在台灣只要一發現商品狀況很棒，便會立刻引進，絲毫不敢耽擱！但在榮景之下，心裡還是有一些擔憂，主要是我開始體悟到，做通路一定要有穩定的供應商供應貨源，否則即使業務做得再好，一旦沒貨可賣，無法達到貨暢其流，公司依舊是無法穩定獲利的。

人生 Memo

1. ____________

2. ____________

3. ____________

2-3

創業後的第一個教訓

創業後學到第一個教訓就是——我只是他人的棋子，不是合夥人。

說起「我在台灣的第一個 partner！」，此人姓張，所以我後來都以張麥稱呼他！他在台灣已有一個做電話機的工廠，公司因為掐準商機，這幾年幾乎是躺著賺。張麥口才相當好，人長得也很稱頭，見過幾次面後一直表達非常有興趣想要跟我合作，也由於兩人願意投入的資本跟意願都契合，合作案自然也就順利談成了。

雙方當時同意的條件是，對方的美國公司提供我通路，而我的公司佔一半股份，考量點是當時候我要存貨，但卻缺少資本本金，而對方剛好有前往美國辦綠卡的需求，回憶當時的資金狀況，除了投入的二十五萬美金，還有公司販售的十萬美金的獲利，整體盤算起來大概是五十萬美金上下，評估一下自己的資金實力，其實距離我想要坐大的夢想，實則有難度。

而相較於張麥來說，除了是我台灣的客戶端（供貨商）外，他也願意另外再拿出五十萬來共同投資我的美國公司，公司持股上是各佔一半，他甚至提出台灣公司可以放帳給美國三十天的優惠，聽完他提出來的合作條件，當時我心裡想：「這條件也很合理！有工廠做後盾，供貨也穩定，一切安啦！」

記得當時販售的商品在台灣相當暢銷，幾乎在賣一台就賺一台，也就是成本五元，銷售價是十元，相較於美國市場的高成本（將近三十、四十元），成本更低，若放在美國市場販售，這肯定是比台灣再多出好幾倍的獲利。若選擇跟張麥合作，將可確保自己未來的貨源不會有問題，加上接觸一段時間後，我更加確認合作後的工作時程及生產狀況，於是，我決定答應讓他成為自己的第一位合夥夥伴！只是萬萬沒想到，事與願違，商業合作並非想像中簡單，後來我才知道，張麥當年想跟我合作的背後動機是想要藉著我公司的完善體制來協助他申請綠卡，當然，我也確實幫助他們得償所望……。

合作協定書確認後，台灣供貨的後援部隊正式成立，我毅然決然地將投資的H公司賣掉，並且快速地在洛杉磯設立新公司，租了辦公室、倉庫，軍人強調的機動性在此顯現無疑，只是後來做不到一年，我開始發現，市場的風向球轉變，需求量還是有，可是銷售的定價居然往下掉了，價格從十元降到七、八元，許多客戶也跟我提醒，價格應該要隨之調整了……。

當我跟台灣的張麥反映市場狀況時，我一再強調「第一個客人講，應該沒有什麼，可能是故意試探砍價，當第二個客戶也如此反映的時後，我們就要聽一聽，越來越客人反映，於是我就重新去查了一下，確實市價已經從十元掉下來八元了，當下的市場敏感度，覺得有點奇怪，究竟發生了什麼狀況？」只是因為天高皇帝遠，台灣工廠狀況其實已經有些轉變了，而我還被合作的夥伴蒙在鼓裡，當客戶不斷反映，張麥卻只是搪塞我：「市場不對？你要不要再去評估看看。」、「你千萬不要聽別人亂講，一切都是競爭的問題，你要相信我的專業。」雖然當時還是行業裡的新手，但我始終抱著懷疑的態度，我詢問了幾個台灣的同業廠商，赫然發現，同樣的東西居然價格差一半！當下，這個答案大大衝擊了我，「為什麼我這麼信任的夥伴，居然會沒有誠實跟我回報？」

後來，我親自跑到台灣幾家工廠去詢價，發現所有的商品製造成本真的都已降至三塊半，而張麥還依然照原本約七塊錢美金的價格出貨給美國銷售端。而我在接觸多家台灣廠商時，大家除了知道我是從美國來的客戶以外，完全不知道我與張麥的關係，熱情招待之餘，更熱心提供詳實的報價單給我，於是我帶著這些報價單來到張麥的辦公室。

「你怎麼回台灣都沒有通知！」

「回來瞭解一下狀況，這些是五家工廠的報價單，你瞧一下！」

雙方對峙了一下，他主動開口了。「唉呀，做過生意的人哪有自動降價的，這道理你也懂得。」當年的我相當年輕耿直，於是說道：「我有跟你提過，你還是說這個價錢沒有辦法調整，這個說不好聽點，你有點是在蓄意欺騙我。」

可是當時候我看對方的態勢，似乎就是吃定了我的年輕且不懂台灣市場狀況，他說：「好吧，既然狀況是這樣，我們就來把價錢重新調整一下吧。」

當下，我也做出了正確的抉擇，於是我說道：「你既然欺騙我一次，就會一直欺騙我，我們就到此為止，之後我們的合作終止吧。」看著他當時的驚訝表情，我心裡感到十分忿忿難平，主要是因為當時市場上的商品價格，假設成本取得價格為美金七元，通路盤商為美金十四元，到消費者手上則變成美金二十八元元，也因為張麥堅持成本價不願意降下來，造成了美國公司有龐大的庫存壓力，銷售量也萎縮很多，這些損失全因為他一開始就準備的詐騙心理。當時在美國的公司不過就是他辦理綠卡的橋樑，張麥雖是股東，但卻毫不在乎公司的營收獲利跟盈餘，何況他在工廠那邊已經賺到了百分之百的利潤了。

在多方評估下，我心想：「假使對方一開始就想著台灣工廠獲利以及有拿五十萬美金的資金投入，就要聽命於他，這也不是長遠的營利模式。」在這之前，局勢也改變了，大家都知道我們的品牌知名度、供貨量穩定，進而我就決定與其它家台灣工廠的供應商，談妥適合的供貨價格跟利潤，也與張麥的合作就此打住，當時張麥的綠卡，也還沒有拿下來，他也是對我動之以情：「希望可以高抬貴手來幫我協助綠卡拿到。」

所以，我也就答應他的最後要求，秉持著中國人的老話「人情留一線，日後好相見」，但我一想到美國公司倉庫，還有一堆進貨價格過高而無法銷售的庫存，心裡實在很難原諒他，「我也付不了你錢，貨賣不掉，錢都卡在貨裡面了。」最後，對方也同意將貨品全數收回，另外將貨物銷往東南亞，也就和平的結束了這一次的合作關係，慶幸並沒有因此而傷及本金，而且當時供貨部分已經找了台灣協力廠商支援，很快速的補足了市場的獲利，沒有對公司營運造成大影響。

「對方的動機一開始就不單純，年輕的我並沒有意識到，我對他只是棋子，不是合夥人，或許申辦綠卡就是他一開始的動機。」回首過去的經驗，在我的事業起步的教訓，讓我成就了更大的企業藍圖，也是少不更事時的一個慘痛教訓。

二十年以後，極為有趣的機緣，我在飛機頭等艙裡遇到張麥，他說：「可以談一下嗎？」、「這有什麼好談的？！」當時的我也並不想要過多的搭理。

「我只是想要告訴你，我這輩子做過最錯的事情，就是讓你走了。」我一笑置之，「當時候如果你我合作，你願意多珍惜一點不是更好，我們現在事業會做得很大，而並非今日這樣的局面。」

人生 Memo

1. ______________________

2. ______________________

3. ______________________

2-4 打開事業版圖，開創台灣工廠

「別將雞蛋放在同一個籃子裡。」

（Don't put all eggs in one basket）

在經歷過張麥事件後，我決定重新整理台灣供貨商的狀況。在這些工廠中，我遇到了一位業務員李勇（David Lee），他原是一位業務工程師，後來成為商品銷售端的業務，當然，我們也是透過買賣交易關係認識的，但他後來工作的這家公司，可能是與老闆或同事處得不太好，反正他後來主動邀請並詢問我是否有合作成立工廠的意願？聽完他的想法，我心想，「目前美國市場通路業務已趨於成熟穩定，我怎麼可能在這個節骨眼上再開一家新工廠，一心怎可二

用？」

此時，對於創業熱情滿檔的李勇跟我說：「他可以協助聘人，畢竟他缺的就是資金，但他擁有業務經驗跟人脈，找工廠、機具等都不是問題。」一開始我也很認同，故而表示：「資金好談，大家可以一起來參股！」想不到此話一開，他就找了八位有興趣的股東一起來，於是我們開始洽談合作細節，而在這當中，本著我識人的敏感度，在當下便有四個人被我默默除名了。

很多人詢問我，「該如何判斷呢？」當然，當下的判斷是正確的，而且需要有判斷的直覺，第一、當創業的開端有了八個人的合夥，因為人數過多，需要判斷對方背景跟動機，我需要的是懂這個產業的人，而非募集資金。第二、根據對方言談舉止，我會盡可能地判斷每個人心裡懷著什麼念頭。舉例來說，其中有一個人具備財務背景，他就一直想要參加這個投資，我先以為他想要投資，後來才大概推敲，他其實想要控制公司的財務。

最終，我只留下四個人，李勇（業務）、鄧興（Daniel Deng）持有小裝潢公司、林先生（工程師），國際業務可由李勇帶著他做，林先生可以負責工程，而鄧興因為已在運作公司，所以清楚財務行政的流程。以股東結構跟管理組合來說，就樣就已經差不多了。最後，鄧興拿出積蓄，林先生也拿了一筆錢，至於李勇因為沒有資本，於是我借他入股金，我跟他說：「沒關係，大家合作以誠相待，等你賺了錢再還給我。」其中，我入股百分之五十五，算是最大股東，其他人各持股百分之十五。

第一個工廠就設在北投，因為我已經有業務了，所以一開店就有生意上門，李勇手中也有幾個業務，加上參加電子展做銷售，公司運作相當快速，順利上了軌道，加上鄧興也是李勇認識的業務廠商，於是剛開始幾個月，大家都很認真開會，飯局上也是稱兄道弟，每每談及的便是公司營運狀況跟訂單細節。

一開始的時候，公司營運狀況尚佳，後來由盈轉虧，管銷也相對變大，我又開始覺得公司帳目似乎不太正常。我懷疑的癥結是，記得公司一開始有賺錢，為了營運規模考量，我們後來在新店又再買了一個佔地約二千坪的廠房，當時市值為一億新台幣，這樣的規模在台灣可說是一個大廠了，加上台灣政府協助中小企業設廠，提供很多優惠福利，所以為什麼管銷會越變越大？是否又是什麼人謀不臧的事情再次重演呢？

一切且容後續再提了……

人生 Memo

1. ______

2. ______

3. ______

2-5

不當回扣暴露出危機……

企業需要秉持工作的改善意識，且隨時要有防止錯誤的警覺心。

續接上一篇的描述，我的直覺又再提醒我，小心別再犯同樣的錯誤了……，於是，我開始從旁了解台灣分公司的營運狀況。

公司主要銷售日本跟歐洲市場，我負責美國市場，現在想想還是很感謝當時政府鼓勵企業貸款，價值上億的廠房，我們必須支付幾百萬的頭期款，貸款則由政府承擔（每坪約為五、六萬元，正常房貸利息約百分之六，而我們利息只需要百分之一，整體支付金額為五百萬上下。）而我當時的事業版圖，也因為這樣優惠的福利而拉回了台灣。

當我開始了解營運後，發現影響商品銷售週期，造成公司由盈轉虧的主因是，每一個商品從開發到全盛期，都有可能進入市場飽和以及同質性產品競爭，倘若創業進入了這樣的市場穩定狀況，商品開發就成了提升競爭力的主要課題。

「我們隨時都要先準備好下一步，當商品成長曲線圖出現，我們應該要怎麼因應？下一個商品是什麼？我們稱為 Product 商品取代。」這個時候，我們就覺得無線電話將會取代有線電話，當時我們遇到一個問題，台灣華聯可以做電子電話的ＩＣ，但無線電話的ＩＣ它不會做，當時全部都控制在 MITSUBISHI. 等日本大廠手上，當時我們也去了日本一趟，並把公司在美國的品牌名字改成 TECHKO（特科），等到我們前去日本與四位供應商、吃飯、談訂單，認識瞭解之後的安排後，對方居然都不願意將ＩＣ技術轉移給我們，直到當下我終於理解：「日本想要保留 know how，控制無線電話市場。」

經過這一番奔走，我心中的警鈴開始大作，我意識到「這個生意不能做了！」雖然生意依然維持，但想要在新商品上創新拓大業務市場，成果相當有限。之後，股東之一的鄧興對於大夥的飯局邀約開始推辭不出席，雖說尚在興建中的上億廠房，鄧興也是股東之一，但總而言之，他就是漸漸地疏遠我了。而更讓我起疑心的是，有個供應商在完全沒有約訪的情況下，堅持要見我，我心裡也很納悶，堅持要找我的理由是什麼？畢竟採購業務向來不是我經手處理的，美國市場才是我主要的業務區塊，這位供應商的出現，背後又有什麼可怕真相？

其實，供應商的出現，曝露了股東的秘密。這位廠商是供應公司電話線的供應商，他告訴我：「電話線的訂單本來都是由他供應的，而他都提供鄧先生一條電話線一毛錢美金的回扣，情況也持續了好一陣子，但不曉得為什麼鄧先生忽然把他們撤換了，他十分火大。」當時我們電話線的業務量是上百萬條，一年也提供十多萬的回扣。他說：「後來我明查暗訪，發現另一家同業給了鄧先生二毛錢美金，所以我想把這狀況跟您說一說。」

後來我更發現鄧興在公司養了幾個心腹，等這個風波過後，我也開始進行偵查，果然就查到了他拿回扣之類的資料，還記得我們當時在規劃興建新廠房時業績往下掉，公司帳目顯示總是不賺錢，了不起就是打平，而我透過這次偵查後發現，整個帳本就是充斥假帳，我心想，公司帳目既然有問題，那蓋廠房的帳目應該也要查一下……。這時，鄧興發覺苗頭不對，馬上辭職不幹了，加上拿回扣這件事是沒有實際證據，所以只能調查他經手過的採購商品價格確實偏高，在跟律師商量後，律師也無法可追溯，最後只能讓他脫身了。

只是沒想到，他脫身後居然還提出要求，就是要求退還他的入股金，而我大意失荊州的地方是，當下竟也沒有聯想到李勇早跟鄧興勾搭。四位原始股東中的林姓工程師在成立不到一年就已離職，而鄧興在查帳後順利脫身，當時年輕的我相當重視誠信，覺得李勇的入股金既是跟我借的，想來他應該不會吃裡扒外才對。在當年，他們每個人的月薪約是十萬多新台幣，加上領走不少的分紅，實在是貪很大啊！而我從中學到的教訓就是，企業主要隨時注意主管們的貪念，稍不留神便是一個管理上的大疏失。人心一旦變成了貪念，他就一定會偷，問題就一個一個地冒出來。

而就我個人看法，他們每個月坐領高薪，每年還有分紅，加上開銷帳款都報公司帳，應該都很滿足了，但還是沒想到這兩位仁兄依舊偷……，當然，因為沒有證據證明他們的罪刑，所以我也只能讓他就這樣走了。可是人走了，公司還在，我們需要補上新的商品來延續營運，就好比我們擁有市場跟KNOW HOW，但卻缺乏零組件，一樣無計可施。當時台灣最大的IA公司叫做聯華，它們沒有辦法生產，大家都知道產品開發的問題在哪兒?究竟要怎麼解決呢?失去了商品的先機，生意一落千丈，從三千八百萬美金掉到三千萬美金，掉到二千萬，掉到一千萬，這個生意已經不能做了。而我從商品銷售量大減這件事也體悟到市場狀況的現實，供過於求就會產生大家流血拚價錢，在此我學到一個教訓，當業務區塊在前線善戰，除了後勤部隊的補給要跟上，更重要的是也要將商品掌握在手中，接著才能評估後續投資，否則一開始的規劃及人力成本都有可能只是浪費。

在這期間，我開始考慮轉進到中國市場，一九九〇年，台灣各加工廠均轉型成服務業，台灣已經找不到工人了，加上股票市場蓬勃，正是「台灣錢淹腳目」的經濟起飛時代，工廠設置及工人的薪資成本已經大幅提高，所以幾經考慮後，我們正式決定轉進香港、大陸市場。說起轉進香港的原因，第一、市場商品銷量萎縮，第二、製造成本增加，也找不到工人，這時若不另尋出路，只能坐著等死。

倒是我與鄧興之間，後來還有一段小插曲！東窗事發後，他帶著太太一齊來討論退還股金的事情，我跟他說：「老鄧，身為你的大哥，我帶著大家這樣衝，當然我也不是笨蛋，你每個月光底薪就十萬，還嫌少……！」他太太在旁邊說：「什麼十萬，你怎麼跟我講七萬？」這下子我才恍然大悟，他竟連太太也瞞騙，夫妻兩人在我辦公室裡吵得很厲害，後來聽說也離婚了。據了解，鄧興後來玩股票，因為違反票據法而被關了好幾年，現在聽說是在開計程車維生。

人生 Memo

1. ____________________

2. ____________________

3. ____________________

2-6

日本IC廠商拒絕供貨

隨時都要準備好下一步，當商品成長出現下滑，我們應該如何因應？而你的下一個商品又是什麼？

羅宏，此人並非公司股東，他在公司擔任業務助理，英文還不錯，工作也很努力，他其實是李勇升任總經理一職時，約聘擔任業務經理的，後來在尾牙上我把他升成了業務副總，記得當天他穿著西裝，副總是掛紅領帶、經理則是藍色領帶，而我幫他掛上紅領帶時，他痛哭流涕，感覺對於這份尊榮相當感恩，席間一再說道：「柯先生真是我的大恩人！」只是沒想到後來，他仍然背叛了我！

當時我們已決定要結束台灣的公司，團隊已在香港進行籌備，但我並未跟太多人說明箇中細節，倒是羅宏跟李勇兩個人還在公司。等到確定要成立大陸工廠，但因為鄧興離開時把百分之十五的股份退還了，所以目前這百分之十五就開放給他們兩位公平競爭，可是公司當時狀況是賠錢，當然所有的投資人心裡不舒服，覺得好像是在騙人入股一樣，於是要求要把資金退回去，「好吧！於是我把這些全部資金退回給這些股東，而用我私人出資頂下。」換句話說，這間公司的資金就由我來概括承受，後來公司營運周轉不靈，要求增資，羅宏不願意，其他人也不願意，結果搞得這兩位股東也要退股，我只好說：「我沒有待過台灣耶，回來台灣都是看帳而已，現在大家等於是把整個公司丟給我一個人，大家兄弟一場，我到香港去發展，大家要一起去嗎？」想不到這兩位也同意一起去打拚。之後，先在香港找好二間公寓來安頓羅宏跟李勇的家人，他們正好一人住一間。

只是無論如何總要有人面對這件事情，加上台灣工廠已經沒有訂單了，我私下盤算是將台灣的營運逐步轉到香港跟大陸公司去生產，考慮自己這兩個人也熟，一起過去打拚也好，台灣這個爛攤子就交給我來處理，於是我跟他門兩人說：「沒有問題，當時我的美國經驗很多，我可以的！」後面公司的職員跟員工，大致還有六十多人，我就集合了所有的員工，也告知他們：「公司營運已經不行了，但是我們要跟大家說清楚，就每個人發放了規定的資遣費用，只有多的。」當時台灣公司來了許多名員工，大家都很感激我的作法。之後大家在海霸王開了一個離別晚宴，席間沒有聽到一個員工抱怨，我們也安排了其他幾個工廠來安頓所有員工，此時，生產部的科長來跟我說，從我們公司出去的員工，人家都是用搶的，絕對不會沒有工作，只是大家捨不得離開罷了。」我們工廠在這一帶都已經出了名，所以我們的送別晚會開得很棒，在這個晚會上我學到一首歌，歌名叫做《朋友》，他們唱給我聽，也賺到了我的眼淚。

有時想想，天公還是疼憨人的，記得當時公司的會計人員建議我，表示廠房有點大，是否可以分為二百坪、三百坪、四百坪來分別銷售，這樣是不是會比較快速呢？我大致記得我們廠房土地是每坪五至六萬買入，結果當時候報進來的銷售價格大概一坪十二、三萬不等，我完全沒有想到廠房才蓋好，兩年而已怎麼可能漲了這麼多？翻了一倍，而我也在此時學到，當我們人工人事成本漲的時候，房地產也會隨之漲價，這是我完全沒有想到的事情。

也就這樣，前面因為人謀不臧，賠了三百多萬美金的部位，我竟透過房地產一次賺了四百五十萬美金，這真是我完全想不到的事情，我相信這一切都是老天爺的安排，這筆現金既補上了虧損這個空缺，也讓我多出一筆資金轉進大陸市場的本金。只不過，一切總是不斷地輪迴，記得剛剛轉移到香港、大陸發展時，李勇跟羅宏也跟著一起過去，剛開始還好，後來兩人竟然又開始疏遠我了，而我明白這通常就是一個警訊，當時的我，已不像過去的年少不經事，從商經驗不算少，所以心裡總覺得不太對勁。

當時我們已經開始銷售防盜保安商品（DIY SECURITY），保全安全商品的販售已經上了軌道，我自己帶著業務部隊在大陸、香港各地衝刺業績，表現都不錯，但是，奇怪的事情還是發生了！當我把這些生意交給李勇跟羅宏後，生意不但沒有上去反而下滑了，我查了一下，驚覺這兩人居然背著我成立另外一家公司「LeLux」，聽到這件事情時，我當然又是一陣震驚，沒想到他們把我辛苦承接的業務全都轉接到他們自己成立的公司去了，記得當初設立貿易公司時，它們各佔三成，我佔四成，資金誰出呢？自然還是我出，因為他們一再解釋說：「是太太們說不可以再投資了。」於是又變成了我借錢給他們作為無本投資，現在回想起來，已有人生歷練，熟知商場分合的我，怎麼老是一錯再錯呢？而此時，我心想，「既然對方已經出手，背著我暗中成立公司，敵不動我不動，這場商戰中，兩造相爭取其輕，我又該如何脫身呢？」

再三思索後我提出建議：「公司經營得相當好！但是我人力無法負擔，不如我把這香港公司便宜一點轉售給你們如何？」也不用急著付清股份的費用，目前等公司賺錢後再慢慢把股東應有的資本跟紅利匯給我好了，香港公司是現成的業務，但因為範圍只有國際業務而非美國業務，等於少了一個通路而已，你們好好經營應該不會太差，我的重點是想把原本的資金取回，少賺為贏。

★金蟬脫殼遇上螳螂捕蟬

在這過程中，我們美國公司會計楊主任，做不到一年他辭職了，辭職的原因為：「人生職涯的轉變。」當時的我不疑有他，結果出乎我意料之外，公司竟然已經轉賣給李勇跟羅宏後，我發現當時在我公司離職的會計主任，三人合作，除了原本香港公司的國際業務外，會計楊主任帶走了美國所有客戶名單以及價格，轉跳到李勇公司和他們合夥，此等背叛的行為對我來說傷害相當大，造成公司嚴重且龐大的損失。

當時貿易公司市值約幾十萬美金，並不算太高，而他們利用公司賺的錢，來清償與我之間的借貸，換言之就是用將公司賺得的盈餘來買回我的股份，換句話說，在這次的合作中，他們從頭到尾都沒有出一分錢，全部都是藉由詐騙手法取得的不利獲益。

吞下了這口氣，此時的我，格局已經不同了，我知道我有更大的事業版圖要發展，後來我們簽了合約，他們只能做國際貿易，不做美國業務，我也協定國際市場由他們經營，我們不參與國際市場，擬為公平協議；可是他們違背了協議，居然涉足美國市場，在電子展上也去參加展出，擺明就是三個人搞在一起，我直接走到攤位表示：「我們有簽協議，不是嘛？」

「是的是的，我們是根據協議經營國際市場，而美國市場是這位楊姓會計在做，這……不違背協議吧！」既然大家玩這樣的花招，當然就不客氣囉！當然，到了美國做生意，要進貨、放帳、要有業務人員的紅利以及廠房，種種設施不如香港貿易簡單，可是楊姓會計似乎在李勇面前編了一套說法，唬得這兩位股東也一愣一愣的。可別小看這美國市場經營業務的難度，話說當時美國雖沒有要求員工離職時必須簽訂保密條約，但這楊姓會計也相當不客氣，看到我上門，明確表態說：「你不應該來我們的攤位。」

我聽完後笑笑說：「你吃了我一年的飯，我怎麼待你，你自己心裡明白，JUSTIEN，THIS IS A WAR！打仗囉！」那時我心裡有底，對方手上持有什麼樣偷竊美國公司的商業資訊，也理解對方可以動用的資源有哪些，所以我就發動了所有美國的 sales 團隊，結合起來「大家還記得 JUSTIEN 這號人物嗎？」、「是」、「這個人就是叛徒！」我們在美國的人都知道，「what！」從今天開始大家只要在業務上碰到他，就給我殺！他們報十元，我們就報九元，他們報九元，我們就殺，這樣的業務軍隊封鎖後，他們所有的資金全部都賠光，此時我在美國已經有十年的基業了，老柯在這一行業裡面都有一定的口碑跟名聲，我答應的事情比簽合約還有效，姓楊的會計師美國大概也不能做了。即使他手頭握有我的客戶資源名單，採購視窗名單等等，後來，公司確實撐不到一年就關掉了。

人生 Memo

1. ______

2. ______

3. ______

2-7

進入碎紙機的時代

企業的創立就是商品與市場的組合，只要商品對了，市場就對了。

當年，因為在台灣被攪得遍體鱗傷，於是我決定轉戰中國大陸、香港市場。而老朱就是我去參加香港電子展的時候認識的朋友，當時候我們販賣商品最多的就是電話，電話來的量最大來源處，一個是台灣，一個是香港：「我發現日本人不敢賣我們做的！」心裡一想這該怎麼辦呢？商品一定要轉售到其他的市場，畢竟當時候所謂市佔率較高的無線電話，都是日本品牌。

回溯當時，台灣有一家公司叫做巨業，接了一個很大的訂單，就是美國

AT&T訂單，也是做無線電話，而我發現美國AT&T無線電話的ＩＣ是從美國來，也開始經營起這塊市場，本來一個小小的電子公司呢，就突然一下呢，變成了上億美金出口的生意。當日本人開始壟斷ＩＣ市場，連美國AT&T的銷售量都直線往下掉，「大家的公司都往下掉！」不少公司也犧牲在這次的戰爭中。

在電子展上，我就碰到了老朱。想起來，我們算是相當談得來的朋友！除了口才，長得還有點像某位香港電影明星，記得一九八〇年代的香港人是不太會講普通話的，然而他的語言能力卻很好。我心想，「怎麼有個香港人會講國語，而且講得還不錯！」後來才知道他是華僑出身，英文能力一級棒，相較之下，台灣的業務人才普遍不太會說英文，畢竟在國際貿易中，擁有多種語言能力也是相當重要的能力，進而才能談到溝通能力。而他一下子講國語，一下子說英文，我們很盡興地攀談了起來……。

認識了一段時間後，他建議我把電話商品的製成，各別轉一部份到香港及中國大陸生產，隨時調整商品生命週期是刻不容緩的事情，而此時，我已經開始發展保安防盜產品（security）的東西，於是，我們開始邁向合作之路。

在創建企業版圖經驗中，我漸漸摸索出一些合作模式；此次，我還是依照過去的配合模式，美國市場是我的主戰場，請朱先生負責國際市場及管理工廠。但商場上的舞弊模式總是一再重演——張麥在商品成本價格裡灌水，本應賣三塊半的東西，到後來變成賣我五塊五。而朱先生雖然一樣使壞，但他卻是在成本動手腳！成本是什麼？這其實就是，公司會依照材料的成本價格，加上工廠的營運開支，然後加上預期會有一成的獲利空間，結算出一個數字，而這就是一般貨物合理的出口價格。

但當時我並沒有一一釐清這些材料的成本，因為材料價格的主控權涉及到供應商，必須面對面細談才能知道，而我當時人在美國。老朱在每個材料裡都已加了二成甚至三成的利潤，直到後來我才發現，天底下的事情，紙永遠包不住火！同樣是我特地跑去問競業的成本及細節，假設同一種商品，老朱算我五塊錢，競業居然才賣我四塊錢，這當中有多狡詐，是不是？一比較就出來了……。

後來，香港工廠已然失去功能，所有生產都已移到大陸，而當時的南大陸局勢相當混亂，明顯出現管理上的疏失，我也直言不諱：「這樣不行！工廠這樣管理的話肯定做不久，因為品質做不好。」我還左思右想要怎麼解決這些問題，想不到又遇到了一個保安防盜產品的市場不大，「我在美國等於所有的客人都賣了，以最高價格銷售，整年的總營收也不過賣了一千萬美金！」我想大概這個市場無法坐大，就想發展其他的東西，可說是中國的一句老話：「屋漏偏逢連夜雨」。

這個時候呢？大家知道發生什麼事情了嗎？正好，我跟他工廠裡有一個大陸的副總起衝突，肇因於我們開會提及商品質量修正的問題，結果，他竟跟我拍桌子大嚷：「你又不在大陸，關你什麼事？」還一直爭辯：「工廠不歸你管！」幸好當時我已經成熟多了，心想著你好大膽，但也不動聲色。「有了這樣素質的人，工廠怎麼會做好呢？對不對？我跟他吵有什麼意義？他也不會改。」

經過了此狀況，我當然也針對此事提出了微詞，可我總想不透，老朱是否有什麼把柄落在這個人手上，因為他似乎不敢對這位副總採取任何處分。我好奇私下問了一下，他連忙對我解釋說：「因為大陸市場裡有很多事情就是需要他們大陸人去處理。」於是我也順勢說道：「是嗎？那這樣喔，這個工廠就完全讓給你好了，只要你跟他們去做，我就另外再出來成立一個工廠。」於是，我也就這樣與另一位黃強（生產部經理）以及羅欽（品管部門）分道揚鑣了。

同時在那個時候，我們已經要與朱先生釐清工廠的部分，品管部門合併到工廠裡，成立一個新工廠，由黃強做總經理，帶領工廠的員工，因為朱先生尚有舊工廠的部分股份，於是我給他一點股份，他自己也拿了一些錢出來，我們也重新做了一個工廠，經歷過了幾次商場轉折，對於市場業績量的敏感度，已經相當敏銳了，對於市場業績開始上揚跟往下掉的時候，都要有後續的備案，於是我說：「不行！我要開發新商品了！」

所以，當我們從舊工廠遷出來時，我，找到一樣新商品！一九九七年設計碎紙機市場大發，「你既然已經在做防盜保安，碎紙機也是個保密性的東西，市場很不錯耶！」有個客戶這樣建議我，於是，我開始研究市場架構，開發碎紙機。

談起羅欽這個人，過去是負責品管，在大陸稱為專科（高職畢業），剛開始到大陸的時候，因為我們以前剛去的時候基本上找不到大學生，專科生也很少，這個人呢非常努力，非常非常聰明，不是普通的聰明他是真正的聰明，我非常的欣賞他，可惜後面他也變節了……。

當時大陸的工廠，占地約一萬多坪，員工最多時號稱有一千人，另外在外面幫我做加工的員工大概還有五千人，我們一年大概也要做一億多美金的營業額，說起那幾年，每年的生意都好得不得了，我確實也在那段時間賺了不少錢，我可以這麼說，我的從商經歷，確實是從跨足碎紙機以後才算是真正賺了龐大的利潤。

有一次，我到公司看帳本，卻奇怪的發現到，會計部主任為什麼跟黃強嘰哩咕嚕的？於是我叫黃強過來：「怎麼了！發生什麼事情？」他們向我解釋說是公司現金不夠，我很驚訝：「現金怎麼會不夠？不可能啊？」

結果，大家知道是怎麼回事嗎？實情就是只要設置工廠，接下客人的訂單後基本上就會有以下兩種狀況，一種是客人發信用狀（LC）給我們，也就是說：假設當初在台灣有拿到信用狀，銀行可以核貸八成的款項給廠商，這是當時台灣的政策，由政府來保證這個信用狀，以確保兩造的交易狀況；而在香港，則是公司與銀行的關係如何、假設公司行號的信譽好，也可以貸到八成，此外，應該要有公司的抵押品，所以，我們公司當時現金流通周轉的很順利，等於說貨還沒有做，錢就先拿到了；要不然就是客人先匯錢進來，可是那時候大部分是信用狀。

第二個就是，絕大部分供應商都是給六十天的付款期，有時甚至可以延到九十天，所以公司的現金會變多，有週轉金可以備用，而此筆現金之後才要付帳出去（應付帳款），可是會有貨款的現金，並不是即時要用的，兩個月以後付款運用。如果可以理解工廠現金流的運作生態，其實很多的生意大家都是心知肚明。而當時這個朱先生，我老早就看出他的問題所在，有了之前多年與張麥對戰的經驗，我對成本早已不陌生，很快地，我就找到箇中問題關鍵——採購舞弊，甚難管理，這麼多次的經驗也教會我，若在公司總營收上，兩造都有獲利，也沒虧錢，利潤也不錯，那就算了，但若不是，確實要嚴防。

這是根據什麼哲理呢？首先要感謝我的母親，在我年少開始經商時，母親便曾向我提及：「你爸爸是做官的，官場好修行啊。」此外，母親還勸導我：「商場也是好修行啊，該放下的東西就要放下，千萬不要追得太嚴厲。」我深思許久，細想我的外公也是商人，當自己有利潤的時候放對手一馬，不要追得太緊，正所謂「人情留一線，日後好相見」。多年過後依然記得她語重心長地對我說：「珍惜人你才會有人可以用，惜人有人用，商場好修行。」

但是呀！**千萬不要拿現金來挑戰人性**。有誰會看到公司一天到晚擺個一、兩百萬的美金在那裡卻不動，這不是太可惜了？所以呢，朱先生私下挪動公款的念頭就這樣生出來了……。但這筆錢其實是要付給通路商的，只是時間還沒到，他預先撥到私人戶頭裡，挪用公款沒有知會我，何況這也需要黃強簽字，如今他把這筆錢撥了出去使用了，但用到哪去了呢？可惜的是他並非擺進自己口袋，而去拿去放貸，好比是民間的那種短期的放款的機構，一百萬美金的利息若為百分之二，就有兩、三萬美金，而挪用公款的利息全數歸入朱先生的個人荷包。

回溯到上述故事，我知道公司沒有現金，心裡出現很多疑問，畢竟這是不可能的事情，因為一定有兩、三百萬美金在公司會計部裡流動；後來東窗事發，我們在中國，他在香港，他當時也很敏感，一知道我回來了，就趕快把錢匯回來，那他把錢匯回來了，我就問他這究竟怎麼回事，想不到他回覆我說：「唉，他說錢擺在哪裡就是擺在哪裡，可是我還是會挪回來……。」聽完他的謬論我非常不苟同，當下回答他：「你挪出去換到的錢，利潤應是歸公司而非歸你。」

他一聽開始為自己辯解：「唉，哪個人沒有私心啊？」

我說：「對，你講得非常好，你自己也知道到此為止喔。」

此時的我，已經較為成熟，也經歷過不少的風浪，看事情的角度已經不同了，母親的話依然在我耳邊響起：「商場好修行。」

於是，我把黃強叫進來，也詢問他：「怎麼回事？」

他回答說：「財務是老朱負責，他要錢，我們就匯出去啦，我怎麼知道？錢都有回來啊，公司週轉也都沒有問題，只是那天會計說沒錢，我知道是老朱轉出去，但也會轉回來就是了。」後來聽明了前因後果，我跟他講解釋給他聽，黃強也慢慢地也就搬到財會那邊，也就是說，黃強從生產經理變成總經理，那時我們開始發展碎紙機，碎紙機那時候我們壓中了，生意相當好！想當然，工廠裡面採購量也大了，剛開始就有個謠言出來，提出了公司目前所配合的幾位供應商，都是黃強親戚。此時，我們已經接了好幾個大訂單！一開始，在大陸發展得非常好，當時雖然是租工廠，此時有錢了，根據之前的經驗，我就自己買了一塊地，就自己蓋工廠了。結果，我們這個工廠一蓋好，黃強就辭職了，因為他聽到外面謠傳我要找警察抓他……，聽到這裡我不禁回想，當年蓋廠房的時候，他不知道私吞了多少回扣？，看到這裡，大家有沒有覺得跟鄧興很像？

經過此次教訓，我在中國大陸蓋新廠時就有注意，另外加派一個人去監視他，沒想不到，他竟然買通了這個人，而這個笨蛋跟我說出實情後被我一嚇，竟然就趕快辭職溜了。每次在爛攤子過後，我都在擦屁股，這次，因為有一些貨款還沒有付，例如水泥還沒有付款就在支付這些應付帳款等等，加上這些供應商可能都是黃強的親戚，所以我決定有些款項一概不付，或是通通不付，這樣下來，還真省下不少錢，算一算大概有一、兩百萬美金呢！而他們看到我通通不付錢，各個很緊張，頻頻拿著要付錢的帳單來找我，因為以前他們都不認識我，這時候自己查單，自然很緊張。

當時，又是讓我除了業務工作外，每天都得應付相當繁雜的擦屁股過程；因為每個廠商來談，他們都會說：「這些工也做完，你們驗也驗完。」一共五百萬人民幣好啦，不過這個黃強，你現在不用付了，我說，「你這邊我也估過了喔！」我說，「你這個工程，我這邊還有三份估價單，你說五百萬，我有三百萬，三百五十萬，有三百三十萬，你自己說，你要收多少錢。」那些廠商都傻了，因為收不到錢，有些還找黑社會來找我，遇到事情我們只能一條一條處理，甚至到後來，我也直言不諱地說：「倘若你要照這個價格收錢，我們就打官司吧，因為我不是不付錢，只是你報價要實在，然後我這邊有三張估價單，你自己選吧。」黃強發覺沒辦法面對，後來就乾脆走人了。

後續的下場，我們不想也知道，聽說他拿了那些錢去另開一家店，這個店是什麼呢？我們不是開始做碎紙機嗎？他就認為他學到這一行啦，也就專門去做碎紙機啦。就這些大陸叫做「微利」的產品，羅欽也來報告給我知道，我就跟他講，這種店，在美國跟香港開是可以的，但是在中國開一定是會沒有市場的！這黃強後來去了哪裡就不知道了，到現在都幾十年了，起碼有二、三十年見都沒有見過他。

企業在賠錢時，小心合夥人爭奪市場；在賺錢的時候，慎防舞弊。

說到羅欽跟我合作那幾年，說實在是非常順風順水，生意好，利潤也好，加上工廠福利優，員工住的可是全廣東省最好的宿舍，吃好住好，那時候還有一個理論就是說，來我們公司做事，你必須要帶內衣褲，因為內衣褲我們不提供，其他我們全部都提供。所以，國內已全部從制服到褲子、襪子，甚至連棉被、蚊帳、枕頭、洗頭、洗臉盆、牙膏牙刷全部提供，但我只有一個要求，就是我的宿舍必須像成功嶺那樣乾乾淨淨的，所有東西要歸位。我們可說是全中國最整潔的工廠宿舍，就連主管宿舍也一樣。

可是我提供所有的服務，卻也提出一些要求，例如我們給所有員工一個大衣櫃，我要求大家每天早上起床後務必要將棉被疊好放進衣櫃裡，希望藉此養成員工整潔、優質的觀念，環境教育可說做得相當成功：對於主管則有別於一般員工，我額外設立一個主管宿舍，弄得非常漂亮，希望大家工作之餘也能充分休息。此外，除了有中式庭園跟迴廊以外，也蓋了一個中餐廳，供給大家聚餐、會談之用，這些都是公司在對待員工的設施上，提供家的感覺。

人生 Memo

1. ____

2. ____

3. ____

2-8

二〇〇五年後是無紙張的市場

俗話說「大樹底下好乘涼」，然而企業並非大樹，而是需要大家共同灌溉。

當你公司前景大好，開始賺錢的時候，你看不出問題。因為生意太好，利潤也太好，但大家都不知道公司內部這時最容易出亂子！只是，亂因是什麼呢？

常言道：「色字頭上一把刀。」羅欽呢，本是個老實人，除了薪資以外還有紅利可拿，他那時也算是百萬富翁了，我講的不是人民幣，而是美金喔，你這樣就知道他拿走了多少分紅，只是他都交給老婆保管，直到有一天，他被一個採購部的女孩子勾搭上了，可是因為薪水都交給老婆，若要花錢養這個小三，應該怎麼籌辦錢的問題呢？這下子傷腦筋了，於是乎，他開始拿回扣。而天下事莫過於此，若要人不知，除非己莫為，辦公室謠言就這樣傳出去……。但他當時好歹還是個副總，即便我明知他根本不配，但人總是會被權力的光環沖昏頭——他竟讓身邊這個女的誤以為他是公司大股東。

事出必有因，當上級開始拿回扣，下面的人一旦知道這件事，他拿，下面也就跟著拿，公司就會越來越亂，當然！回想當年的盛況，生意好到爆炸，我們是每一天幾十個貨櫃出貨，只能說是盛況空前！直到有一天我回中國，海關忽然前來點存貨，我心想：「絕對有問題！」海關帶隊的緝私隊隊長沒來找我確認跟詢問，當時我在大陸還算小有名氣，了解詳情後，我方才得知是因為當時工廠大，公司人員跟外面的塑膠廠聯合起來將公司從德基、台灣奇美進的塑料轉賣給大陸廠商，裡面利潤不少，據說海關循線跟監了六個月，到公司拘捕搜索嫌疑人，結果有七、八個人被帶走。

後來，他們有詢問公司嫌疑人，懷疑整個案件的主事者是不是我，因為跟我完全沒有關係，所以，他偵訊了十個人，都是一樣回答：「柯先生完全不知道！」當然，我也找了一些關係，例如大陸僑務辦公室，外交部來說明我與公司的立場，因為我們沒有參與不法事件，結果，法律還給我們公道，這幾位員工則分別被判了三年到五年不等的刑期，在外面跟他們合作的廠商甚至判了十年。另外，外面真正的主嫌關了十年……。

事情發生一切都是因緣，好人應有好報，而壞人也會受懲罰。

公司因此事被罰了一百二十萬人民幣，理由是監督不周；當時，我的律師跟我提及：「中國的這些破事不要理他，不要付這個錢，公司不要叫A公司，明天就改B公司啊。」

我說：「NO！我們應該負起這個責任，確實督導不周，我願意付一百二十萬，我的公司絕不改名字」。律師聽完笑道：「這世上哪有像你這種人！」

我反駁他：「我就是這種人，所有被判刑的，我還發通知給他們，哪一個不服氣回來找我，我可以今天坐在這裡就是不動，你們哪個有臉跟我理論就回來！我就沒有去保釋他們，當然我也可以去保釋他們，但我偏不保釋，我只想調查清楚這個案子，當然這些人也沒有一個敢再回來找我。」此外，供應商也怕得罪我，所以都不敢與他有生意合夥的狀況，像羅欽就投資開了一個鐵工廠。主因在碎紙機中有一些零組件，例如像刀片、像一條剛板一樣的，那個機器「咚！」一打就是一條鋼片，就想把這個賣給其他碎紙機廠商，那人家又不敢買，如果跟你買，豈不是得罪柯先生，所以當然也就沒生意。

後來，案子判了，公司罰款了，羅欽刑期滿後也放出來了，因為他們差不多都關了一年；他出獄後找不到工作，據說他去跟同行求職，但對方跟他說：「柯先生這樣對待你，你都會背叛他，我怎麼敢用你。」畢竟事情的始末總是有因緣際會。一個被小三迷到拋妻棄子，背叛老闆和以怨報德的人，終究不會有什麼好結局，真是色字頭上一把刀。

附帶一提的是，羅欽的太太是個吃苦耐勞的鄉下人，一直扶養著羅欽的母親，真可說是個好媳婦。而因為出了這個事情，羅欽的媽媽堅持不讓兒子回家，因為她覺得兒子對不起我，還記得他母親曾跪在我面前，謝謝我照顧他兒子。

因為我的幫忙，讓他們家從一個貧苦的農民可以買地蓋洋房，住在透天厝裡，所以一知道兒子如此無情無義，他的媽媽自然就不讓他回家。

所以，經過這個事情，我們才知道什麼叫做英雄難過美人關，色字頭上一把刀啊，因為唸書歸唸書啊，色字頭上一把刀，是看這個歷史以後才知道，這樣子啊！在現在職員裡面我就留有了一位，叫梁春梅，她是從一九八七年起就跟著我的老員工，他很早就在我和老朱合作的工廠上班，知道我所有的言行舉止，我曾跟他說：「你可以幫我做活證人，對不對？我正派經營公司，私生活很自律！證明我在中國大陸清清白白，沒有花天酒地，只有專心工作！」遇到這些人就是一個很好的借鏡。

人生 Memo

1. ______

2. ______

3. ______

2-9

二〇一〇年開始發展智能吸塵器

我們必須建立自己的企業標竿——勤業、創業、建業。

二〇一〇年，原本經營的碎紙機、護貝機、打孔機這些商品的生命週期又走到一個段落了，一樣地，從上述的幾年，我們都已經很清楚這樣的週期性，創業除了要明瞭商品開發、市場、人員素質外，有時也得經歷幾次大起大落，而問題不一定是產品本身，有時是環境的問題。

因為出現電子郵件，紙張用量大幅減少，換言之，環境影響商品使用市場。

就像你以前接到銀行的對帳單，現在哪有對帳單？現在都是電子的啊，那你想光是紙會減少多少。以前為什麼我們碎紙機會起來，重要關鍵是因為銀行關係，對完帳後把它碎掉，所以後來碎紙機的用量就「嘩！」這樣直線掉下來。那碎紙機的用量掉下來以後呢？畢竟歷史總是一再重演，大陸的產品又一直在往上走，我們很多大單又一直在往下走，經過多年評估跟市場經驗，我知道這一行又不能再繼續做啦。

每回在週期交替的時候，我總是靈光一現！那時候我在想，「做過電話往下走，保密系統也是，但因為市場小，碎紙機到後面幾乎是沒有生意可做，我該如何找一個不會結束，還可以一直延續的產品」。此時，我突然發現掃地機器人市場持續往上攀升，心想這或許一門生意，因此，在二〇一〇年時，我開始往掃地機器人這個領域發展。

初期開發時，大陸工程師並無市場相關經驗，產品QC尚未進入最佳狀況，正要做這個東西的時候，我們就去香港電子展擺這些東西，就在香港的電子展上面碰到這個人，名叫黃傑……。

我當時並沒有意願跟他合夥做生意，他在台灣是幫另一家公司專門代理別人產品來台灣賣，可我做的這個掃地機器人比較特殊，別人並沒有生產，於是他就來找我洽談，看看能否代理我們的產品來台灣賣，他跟我講：「柯先生，給我們做做吧！對你也沒有什麼傷害，對不對？」也許就是一種結緣，就這樣……我又開始了一連串新的台灣投資之旅。

黃傑可說相貌堂堂，習慣順著我的心思來講話或做事，這若單純只做代理也無所謂，但事情往往不是那樣發展。

在我們這個認識的過程裡，台灣的經貿局，也就是洛杉磯的辦事處處長來找我，表示希望我回台灣投資，他說：「哎呀柯兄，您幫中國做那麼多事，建學校又發獎學金的……。」

我見狀就半開玩笑地說：「在中國，江澤民都願意接見我，在美國，柯林頓也是，倒是回台灣，卻連半個人也沒說要見我啊。」結果他們一口答應，表示在台灣也會有專人接見我。

我一聽倒是覺得自己玩笑開大了，連忙解釋說：「我是開玩笑的。台灣目前稅太高了，工資又貴。」

他說：「沒有沒有，台灣未來要調降稅賦了！而且跟香港一樣，公司稅只有百分之十七。」而在聊天的過程中我也清楚表明了：「我們不可能在台灣做工廠的！」想不到，他竟然說：「不然你先把工程部移回來台灣，至少先幫台灣增加幾個工作機會。」這好像也有一點道理，我說好吧，我就考慮考慮，找個時間便回來台灣考察。

那黃傑不是我的台灣代理商嗎？於是我跟他談起這個事情，他那時候就跟我說，因為正好要換新工作，所以乾脆毛遂自薦：「柯先生，那我來幫你做事，怎麼樣？」我想想，覺得好像還不錯，你要知道人不可貌相喔，看看身家也很清白，太太是台大畢業，兩個女兒也蠻可愛，也奉養父母，感覺是個孝順的人，應該沒什麼問題，加上本身也是MBA，英文能力有相當不錯，曾在台灣的電腦公司任職，學經經歷相當完整。當然，事前覺得沒有問題，但事後想想總是後悔不已，唉，我真是大錯特錯，完全錯了。

這個人基本上就是一個詐騙份子，之所以離開前面兩個公司，原因都一樣，因為這位仁兄就是一個慣犯，每進到一個新公司，就做很多假帳單來報帳。

倒是我，相當信任他，一開始是公司要聘雇工程開發跟國際貿易的總經理，他也跟我爭取幫忙引薦人才：「公司規模越來越大，要不要我介紹幾位認識的人進來幫忙？」，而我當然不疑有他！只是想不到經過上述那麼多次商場的詐騙跟風雨，我深信不疑的人品，居然依舊給我帶來更大的反噬！這次除了引狼入室，甚至還帶來了一群狼進來……！

其中一位是劉豪，另一位叫做陳超，陳超相當了解台灣的銷售網，而劉豪的專長是財務，兩人本來就是搭檔，所以我乾脆讓這兩個人成立一個內銷公司，取名「台擘」，外銷公司則叫做「世擘」。

成立這個公司，當初沒有想太多，

柯約瑟來台投資，分別接受前總統馬英九先生、現任總統蔡英文接見。

單純就想先做做台灣的銷售，然而一切創業的開始，終究又回到了老路上頭——大家都說「我沒有錢」。我一樣還是說沒有關係，我先借你們，然後就是一連串新創公司的股東配置！此時，黃傑佔二成，劉與陳兩人各佔一成，我佔六成。但這個配置有個問題是，台譬公司登記在他們三個人的名下，因為我在台灣沒有身份，假使我用美國護照來申請，過程會變得比較麻煩，因為還得跟美國那邊確認。

當時，劉豪就建議：「你把那百分之六十的股份交給黃傑託管，我們簽一個同意書好了。」乍聽之下你會覺得一切來相當合情合理，畢竟都是為了公司營運考量，我也不疑有他，豈知我當時早已中招了，為什麼呢？經過了上述的這個多風風雨雨的故事，大家一定覺得我不會再被騙了，這次更為火大，因為是我信任的人性又被擊潰了。因為這個公司裡面沒有我的名字，對不對，他們三個人決定要做什麼就做什麼，在法律上面我一點力量都沒有，我唯一可以抓住他們的就是這個欠條。那時候我真的沒有想到人心會這麼險惡，用心會這麼深這麼壞，在認識我的時候，他們就已經準備設圈套詐騙我了，這些人基本上都受過高等教育，也有專業的知識跟技術，真令人無法想像現下社會的道德良知竟會如此敗壞！

回歸正題，因為「台擘」公司並沒有登記我的名字，所以他們就把這個公司整個愚公移山搬走了，一下子全都不見了，我們前後做了大概快三年，公司就是一直開支，而黃傑就負責國際貿易部份和工程部部分。我心裡頗感奇怪，台灣銷售還有一部份，我們美國銷售也照做，此時，相當詭異的事發生了！黃傑負責的國際貿易部分從來沒有接下一張訂單，三年的時間，竟然一張訂單都沒有，而他給我的理由無非就是價錢不對啦、產品的品質不夠好什麼的，直到最後，我發現事實完全不像他講的，我發現他是把訂單轉給自己的朋友去做。

我們也陸續查出，他在外面有幾個同黨，一個在日本，大家都叫他林桑，一個在歐洲，是個老外。當我們參展後取得的客戶名單，他都會轉給這兩位白手套，然後由他們去跟別的廠商進貨來賣給客人，而這兩個人都在其他台灣公司裡擔任高階經理的職務，換言之，他們不是老闆，也是其他公司的員工，所有人都在大公司裡面任職，既領薪水又在外面兼差，所有開銷再向公司報帳，實在很糟糕！

事情的發展經過都是一樣的，直到最近這一次，讓我特別感到痛心，我自認為儘管歷經商場的爾虞我詐，對於傳授以及教育傳承，我依然有自己的信念，有別於其他幾位合作過的夥伴，不論是張麥或是鄧興，都是戰鬥的對手，這幾位都是我信任且在台灣企業戰士訓練營的學生，尤其是黃傑，他幾乎是每堂課都到，而且在企業訓練營裡，講師們都提及了很多忠孝節義的故事，當下他們雖然理解，但似乎都無法改變根深蒂固的惡習，或許吧，他們的「根」早已腐爛殆盡了！

在與他們互動的過程，他們也曾提及：「柯先生，你是我的恩人！也讓我的家庭學習很多。」當然，他們也講了很多家庭跟教育的問題，請我提供意見，當下我當然很樂於幫助他們，也把他們的事情看成自己的事情來給予建議。甚至其中有個人也說：「我是他們的師傅！對於他們人生有很多提點。」在這樣一段時間的良善交流下，讓我投入了越來越濃厚的情感，孰不知？**有心人總是順著你的心思，故而在背叛時，反而加重了傷害！**

雖已旅居海外多年，人不親土親，不論外面是什麼樣的競爭環境，一路走來我依然秉持感恩及傳承的心，尤其在華人社會，我更希望可將這些好的知識、正確觀念傳承給下一代，所以當時他們說自己手邊沒有錢，我雖已有這麼多次的商戰經驗，卻也二話不說相信了，甚至提出好的方案來協助他們，只是沒想到一時的信任，換來的是我更大的教訓。

在過程中，我發現一些小細節，當這些人平常都跟你稱兄道弟，感恩你是他的再生父母，今世的貴人啊！所以你會發現這些人，因為手上握有同樣的專利，他想要隱瞞他的事情，一切都不是真心地想要成長，當下他們講的花言巧語，就像所謂的佞臣，就會投你所好，也許是師生之情影響的管理，這次我在台灣受到一次更大的商場教訓。

思及我們當時的相處情況，讓我心情更是沉重！初期相當融洽，舉個例子來講，那時候我語重心長地說：「你要做個好的領導，如果有需要什麼樣的學習，我都真心地提供協助！」他們知道我很喜歡武術，他們真的去學習，黃傑也去學了詠春，劉豪還去學了太極拳，所以當我們在公司上了五、六次企業戰士都沒有改變這些習氣，我在上課的時候也講過一些例子，想不到這些人表現迎合，實則無動於衷啊，實在令人痛心。

後來，等我開始查帳的時候，黃傑居然做了浮報的假帳給我，諸如：他每個月都在修車子，三萬、五萬、十萬……，怎麼可能每個月都在修車子？此外，他謊報多筆餐旅費用，但多數都是星期假日，例如他帶著家人出去吃飯或去渡假村遊樂的費用，多數人總是不知惜福的，人生也總是不斷地歷史重演，當初黃強知道我馬上要下手抓他了，所以立馬辭職不見人影，而黃傑，也是一樣。

同時，他們三人利用同學與親朋好友的關係，進行詐騙。黃傑的一個同學在新加坡的朋友要在台灣找代理，黃就聯合了劉和陳利用公司名義向對方進了數十萬美金的貨物，並把所有存儲貨物的費用報入公司帳目中。當然，他們從開始就沒有打算付款給對方，就是一直欺騙，帳款一拖再拖，直到對方從新加坡來找他們了，他們依舊避不見面……。結果實在沒辦法了，才又想辦法欺騙對方退了一半的貨物，答應一半的欠款會在六十天後償還。但這當然不可能，新加坡的公司只有訴諸法庭，還它公道。

傷害我們最深的往往都是自己人，奉勸大家千萬要注意。他們利用我們的信任吃裡扒外，上下其手，所以每隔一段時間，記得要冷靜地重新考核身邊的人。即使再辛苦，也要看帳，尤其是差旅費和娛樂招待費等更是容易生弊端的部分，而從公司的現金流動上面更可看出一些不合法和不合理的問題。

總之，我相信善惡終有報，不論在商場上經歷多少風雨，我敢說公司賺到的每一分錢都是自己應得的，也正因為如此，我更希望能把自己經營企業的精神與理念，透過更多的傳承，來讓年輕一輩的創業家們多點警惕，少受傷害。

人生 Memo

1. ____________________

2. ____________________

3. ____________________

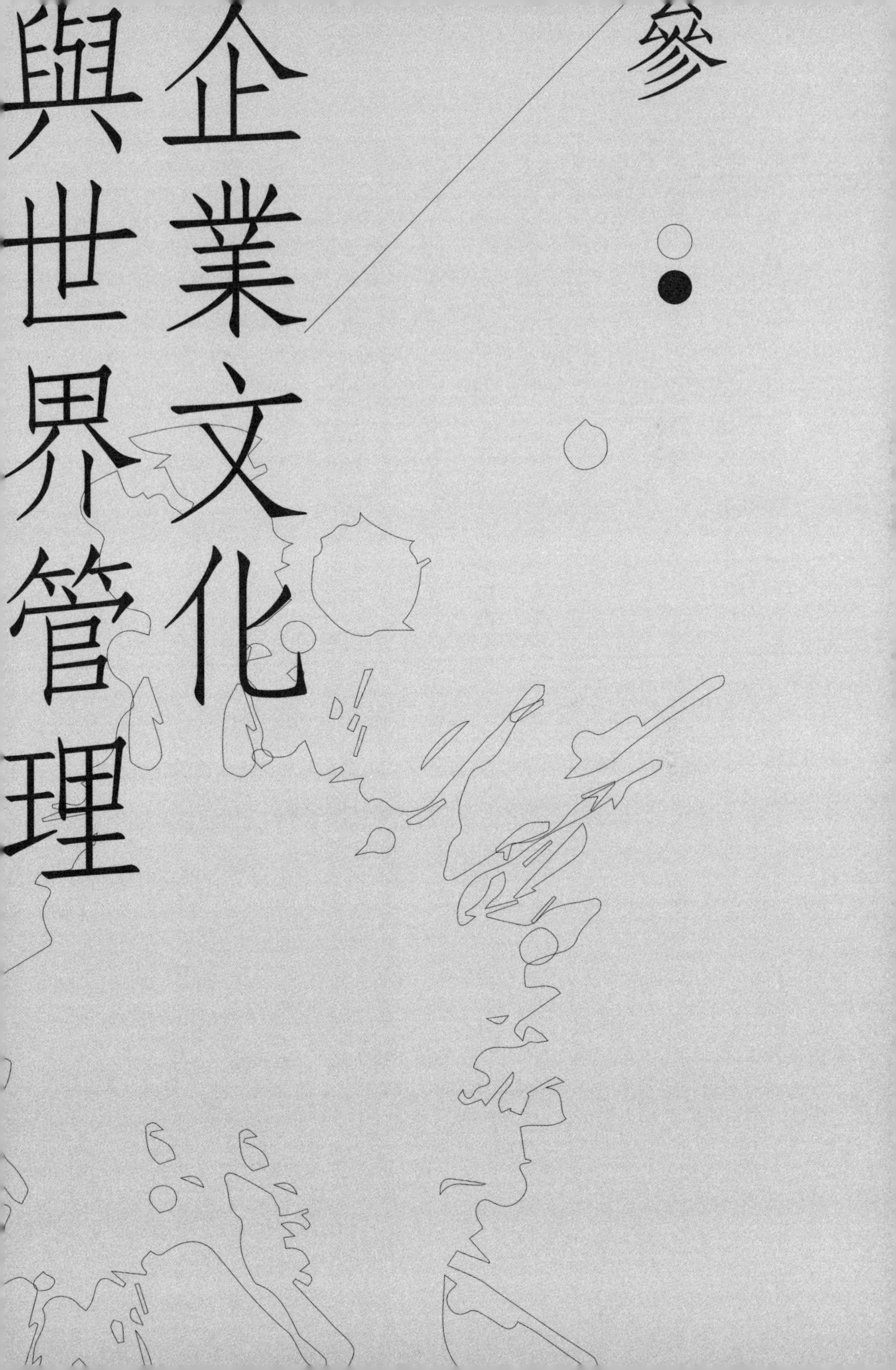
參
企業文化
與世界管理

世界就是平的，卻有一個玻璃頂！

我從特種兵到商界大俠，一路走來，各國的商業征戰中，除了要持有企業戰士的精神，更要經歷不簡單的生活，首先是脫貧，重重難關，咬牙挺過一關又一關。我到美國白手起家，經歷大大小小的考驗跟征戰，承蒙幾位前輩提攜加入「百人會」。這是美國一個無黨派、非政治性的全國組織，它由一批在各自的領域作出傑出貢獻的美籍華人組成。百人會聚集了他們的能力和經驗，共同探討和解決涉及美籍華人和美中關係的各種問題。

當時，我深深理解，在美國社會，我們要花上比白人多三倍的時間工作，才能得到相同的待遇，百人會成員雖然各自在不同行業努力，但每個人都是辛勤工作的代表。假如我沒有離開先前那家公司，我將永遠是二十年前的模樣──「它是透明的，你可以看到天上，但永遠通不過去。」

後來，在《英才》雜誌於二〇〇二年採訪我的時候，我已是美國特科集團的總裁，世華基金會董事長，美國著名的華人組織「百人會」的會員，主持人問我：「柯先生，為什麼您一天只吃一頓飯？」我其實是我從大學時代起便養成的習慣，當時並不是不想吃，而是沒錢吃飯。在《事業與人生》一書中，我便曾語重心長地分享一段「財富宣言」：

我們以為，追求財富、成功和幸福是人類天生不可剝奪的權利，更是與生俱來不得放棄的責任與義務。這個世界是富裕充足，應有盡有的，處處皆鈔票，物物皆黃金，時時有機會，行行出狀元，只要我們遵行成功的法則且正當的途徑，一切都是取之不盡，用之不竭的，而且要取之正正當當的正道。

生於貧窮並無對錯，死而貧窮才是罪惡，終其一生若無法消除貧窮創造財富，更是無可寬恕的羞恥。貧窮是一種疾病，一種惡習，如果不是出於懶惰，就是源於無知，而當中最壞者莫過於兩者皆俱備。貧窮不僅是金錢跟物質的缺乏，最重要的還是精神——信心、勇氣、熱情、意志和知識的欠缺，所以貧窮不僅是口袋空空，而且也是腦袋空空。所以，對窮人施以經常的物質救濟，只會造成永久的貧窮；唯有給予不斷的精神激勵及教育，才能引導出長期的富裕。

如今，我自認人生已然相當富裕，但每天維持這樣的精神砥礪，是我持續在事業版圖上開疆闢土的精神支柱，時序已來到二〇二〇年了，而我慶幸自己從未放棄衝破更高的玻璃頂……。

3-1

先了解什麼是企業吧！

企業需要戰士，對於企業的熱情則需從了解企業開始。

我在第一章跟第二章當中曾經提及，我們在人生的道路上不僅要學習專業知識，更得時時關注成功人士的做事準則與方法，研究他們成功的秘訣是什麼？之後在持續地模仿跟執行，終會有成功的一天！而我，想與大家分享幾個方向：

★企業的本質

當然很多坊間管理書籍都有提及，企業的本質是什麼？大家看完書之後可能都會有個粗部的輪廓，若大家還不太清楚，前幾章的故事看得精彩，也要分享一些概念給大家。其實，就我個人的經營經驗，倒是建議可從企業的本質、企業活動與社會的關聯等三個角度來找答案，就像是以下常見的企業本質分析圖表一樣。

在第二章的故事中，很多都有提及，創辦公司的一開始，就是開始找商品，因為我們要優先並持續提供有價值的商品給客戶，比如：供貨給別人。大家還記得我第一間投資賣絲印的公司嗎？

當時，我大幅增加很多賣 T-shirt 的客戶，例如印球隊、印學校、印公司的 T-shirt 等客戶，業務因此大幅

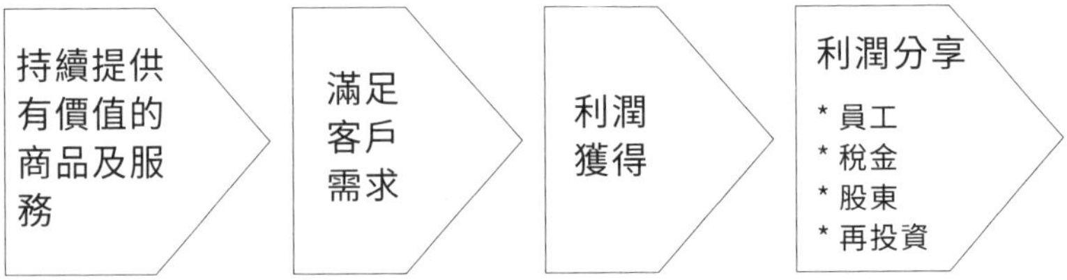

持續提供有價值的商品及服務 → 滿足客戶需求 → 利潤獲得 → 利潤分享
* 員工
* 稅金
* 股東
* 再投資

轉型，透過 T-shirt 的客製印製，成功拉高了業績來源，而在改善經營方向後，公司業績暴增五倍，在這個過程當中，我做到了滿足客戶需求，最後就會有利潤的回報。當然，公司有賺錢，我就會分紅利給員工、經營者，自然也誠實繳納稅金，最後就拿著這筆錢，跟張麥一起投資了一家新公司……。

當電話機市場出現狀況，首先要發現的是，箇中環節出了什麼問題？當商品無法滿足客戶需求時，怎麼可能還會有續接而來的「利潤獲得」？無法滿足客戶需求，自然無法獲利，這就更不用談公司如何營運了，企業就是這樣營運的，雖然還有其他精細的部份，不過這裡我們倒是可以先依照上面的流程，了解簡單的企業本質。

當然，我也必須要老實說，再怎麼穩健經營的企業，依舊也會有面臨危機的時候。例如全球經濟週期性步入衰退，當時美國許多企業都以裁員做為渡過企業危機的法寶，國際間的各大知名企業自然也不例外。但我當時不但沒有裁員，反而出錢讓大家去休假，你們是否好奇，這是為什麼？

其實，「當經濟形勢好的時候，大家都努力地工作，哪有時間去度假，現在正好放鬆放鬆。」越是在這個時候，大家就越要注意員工權益。我也開玩笑說：「股東一般生活都比較寬餘，少收點紅利餓不死，但員工失去工作，那可是會挨餓的。企業首先要愛護員工，把員工當作自己的兄弟看待！」因為企業說到底是依靠員工創造出來的，只有充分維護員工利益，才能確保企業得以提供更好的服務給顧客，進而保障股東的收益。若是因為公司經營困難，經營者就是只想到以裁員來減少人事成本支出，藉此渡過難關，那也未免太不智了。我建議，除非是公司已經面臨了經營危機，否則若單純只是利潤減少，那麼何不儘可能保障員工權利，這是企業家應負的社會責任。

我也提過，我不太喜歡美國許多大公司的管理方式，「那是僵硬的管理方式，極缺乏人情味，許多有才幹的人不得不被迫下崗。而之所以會採取這種應變措施的公司，通常經營原則是：顧客第一、股東第二、員工在最後；而就我的企業本質管理原則是：員工第一、資源第二、顧客第三。「沒有好的員工怎能為顧客服務？沒有好的廠商為持續供貨，怎能生產好產品？」是吧！**員工的品管可是公司控管品質的基礎**。

我年近三十便開始研究《孫子兵法》，所以有許多觀點其實還蠻中式的。而我之所以會研究《孫子兵法》，也是因為發現當時的美國企業只看財表的管理方式讓我很不開心，故而想要找出更多的解決方法。《孫子兵法》曾提及愛民如子，但美國人喜歡的企管書不講這些，我在《孫子兵法》中也學會以德服人，學到很多經營人性的一面，而我認為若能與西方科學的嚴謹結合起來，這才是我理想中的企業模式。

我曾在接受訪問時評價自己奉行的企業文化「雖然不大，但小而美。」其中一個重要的策略就是企業人員永遠保持五百個人左右。當時，我秉持的理由是「經濟大好時請忘了評估，盲目擴張即可；反觀經濟衰退時，請縮減預算，若您愚蠢地辭退員工，之後等到形勢好轉，又有誰肯跟著你一起打拚。」

人生 Memo

1. ______________________

2. ______________________

3. ______________________

3-2

企業具備的工作分擔體系

理解未來想要的工作生活，才能管理生涯。

我在前幾章曾提到的幾個主角，相信大家一定不陌生，就是比如說張麥、鄧興、老朱等人，各個都是公司的高階經理人。再者如羅欽一流，能夠從品管專員變成副總，也是從基層管理慢慢升遷進入經營層。

我個人覺得還蠻有趣的，大家可以去對照我之前描述的故事。一般說來，企業的組織架構會分為經營層、管理層以及一般員工，當然，就我們公司體制來說，我們的經營層就是總經理、董事、副總經理、協理，事業部主管等，而管理層與監督層則設有經理、課長等職位。我習慣明確訂定指揮階層的權限與對象，越高層級的人，權限越大，相對所需負的責任就越重，畢竟能夠成為被看重的人，是需要能力及信任度的。

就我自己來說，即是從電腦公司轉到北方通訊總公司，我成交了一筆數額很大的生意，得到總公司副總裁賞識，將我迅速調入一家分公司擔任副總。那年我二十九歲，既是唯一也是全公司最年輕的華人副總。您若問我如何成功打進企業經營層，這當然是有方法可循的！

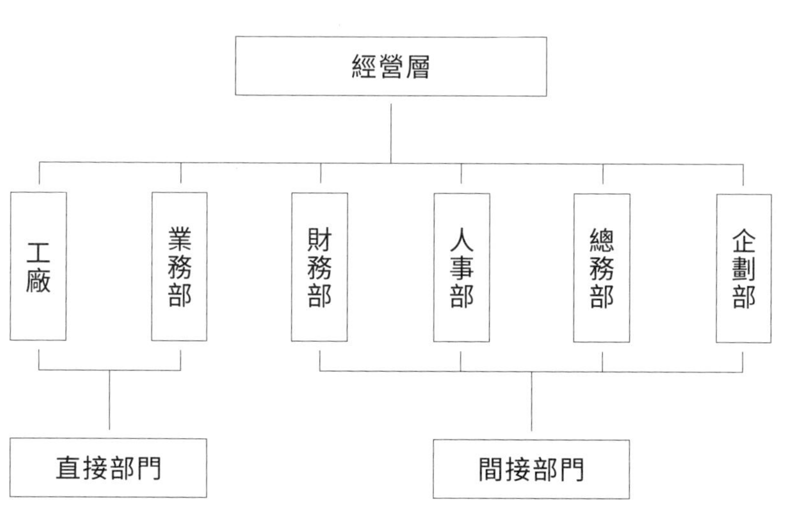

事業是每個人一生中最重要的一環，從工作上的表現及成功與否，可以直接影響到我們整體生活的品質，從而改變我們的人生。此外，私人生活上的習慣、態度、觀念也是，價值觀往往同樣影響了我們的事業、家庭以及人生。

在我的求學、工作及創業過程中，我從書本、前輩身上及親身經歷的事情當中融會貫通了一些重點，希望可以提供給年青世代一些全新的啟發。追求成功的人生是有系統、制度及方法可循的，在公司內外，我訓練過相當多的年輕專業人才，然而個人的成就仍有高下！成就較好的通常就是依照成功原則不斷演練、實踐，順勢走向成功之路！而成就較為一般的人，往往就是習慣「紙上談兵」，缺乏實戰的毅力與勇氣。

所以我認為，要有成功的事業與人生，你在各方面都要考慮周全：第一，正確的工作觀念；第二，良好的工作習慣；第三，特優的工作技術，三者缺一不可。

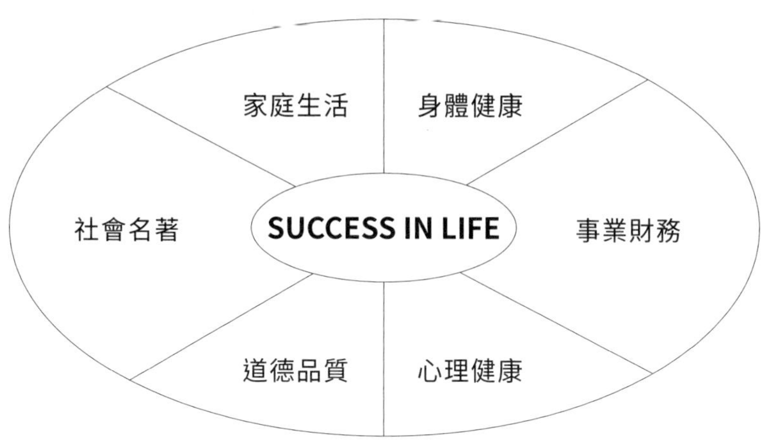

事業是人生中最重要的一環，但也不是全部，成功的人生是整體人生的平衡，譬如家庭、婚姻的經營，維繫親友之間的關係，從事社會服務與公益活動等，我曾在美國協助許多華人從政，既出錢又出力，此外也建立了中文學校，但不論事業再成功，這些家庭婚姻跟子女關係的經營對我而言都是非常重要的，如何取捨，需要花心思跟精神！

以我個人來說，我會陪伴孩子一起渡過暑假，全心陪伴孩子參與所有的團體活動，即使工作再繁重，我依舊要求自己白天全心陪伴孩子，晚上才會沉澱心緒，整頓工作內容。

此外，我有一個很棒的夫人，她補強了許多我力有未逮的部分，閒暇之餘，她一定花心思參與孩子學校的活動跟生活，親自參與與孩子之間的互動與溝通；就像小女兒現在讀大二，在學校也是風雲人物，但她若想參與什麼活動或跟夥伴們一同旅行，往往還是會主動詢問我的意見！

因為在孩子成長的過程，我們都能提供優質的固定陪伴，自然而然成長中的互動溝通沒有因為工作繁忙而忽略掉，建立了溝通模式，孩子理解父母的關心，也懂得跟父母分享榮譽與成就；就算遇到困難，也會願意跟父母請教或求援，我相信這樣的互動模式，足以幫助他們在未來人際互動上，為自己取得更多有利的籌碼。

此外，善盡父母的職責，給予孩子們生活上的一些提醒，例如「On time is late！」這便是我經常我孩子們分享的生活習慣，或是當遇到問題時，記得高呼「Special Forces！」（特戰部隊），讓他們建立起正面的人生觀，未來一旦遇到什麼困難，肯定都有更強大的正面能量試著度過難關，一一克服。

多數企業家在經營企業初期，多半會將大半的精力與時間放在事業上，從而忽略了其他，其實，時間是可以被妥善分配的，只要找出同時兼顧的方式，一切都可能成真。而能夠與家人、朋友分享的成功喜悅，才是我個人追求的最佳狀態。

此外，在道德管理上，我向來奉行孔子所云：「什麼是君子？」希望人前人後都要一致。道德品質指的是一個人的價值觀，雖不容易做到，但我們依舊要期許自己盡力而為；例如不做虧心事、不說謊。我相信人只要做了虧心事，這個陰影就會一直存在你的腦袋裡；如果說了謊，也需要更多的謊話來圓謊，實在得不償失。所以我堅信，若能在擁有財富之後，再以道德輔佐，您自然就能擁有綿綿不絕的福氣。

人生 Memo

1. ____________________

2. ____________________

3. ____________________

3-3

具備企業人才的主要特質

如果不問，答案就是No；
但若問一下，答案很可能就變成Yes.

提升自我管理的致富公式

在自我管理來說，美國著名學者戴路．華生研究偉人語企業家成功致富之道，最後，他給成功致富下了一個公式：**成功致富＝（EE+CT+SP）D DB**[1]

致富過程常需要一些公式，但是卻要透過成功者的角度，才能真正練習到位。就像是第一個程式中的E，從字面意思，我們閱讀到的是「教育」，但是什麼是大家認知的教育呢？

實際來說，教育不單指去上學，得到學位跟文憑，因為那就只是一張文憑。教育所指的應是廣泛、不斷地閱讀知識跟充實自己，提升自己各方面的閱歷。我曾在設計工程領域碰過許多很厲害的工程師，多數都是名校畢業的，合作起來也倍感舒適與輕鬆，直到後來我終於了解，懂得實際運用的教育反而比僅僅擁有高學歷但缺乏實務練習經驗值的人，更具有教育程度；經驗是透過做過多少事情的敏感度，並且反覆練習……直到最後，經驗訓練就會變成自然而然的反應，向是對工作的直覺反應；而**學歷、學位、文憑，並不能代表就會成功！**

再者，第二個成功要件，是指如何累積創造性的思考能力？很多人在這裡有誤解，所謂的創造力不是幻想，是要有一個「實質」的背景而且可達到的目標能力，幻想力是不用達標的，比如說：很多人「覺得」自己可以做到，但實際上並沒有完成，所以，要讓孩子有「發揮」的空間，讓他們進而實做的步驟養成，而在歐美則更提供創造性的培養，目前在亞洲社會除了韓國跟大陸有國民教育一起推動之外，大部分對於創造力發揮，相當受限。

公司自一九八二年創業以來，所有產品都是由我設計的，當你在發揮想像力創造東西時，記得把自己當成就是一個思考者（thinking），這時，你的腦海中自然會有細節跟藍圖規畫或執行結果預測等訊息出現；反觀缺乏創造力的人，多數只能擔任末端的執行者（operator）罷了。倒是我觀察近幾年台灣的教育，感覺大家對於主動性與培養創造力這部份，已然進步許多。大家願意提出看法跟想法，才有討論及改善的空間，台灣在這部分，算是已朝向「創造性思考能力」邁進，但仍與歐美各國相距甚遠，仍需努力。

第三個成功要件則是，當你將構想跟藍圖規劃出來後，仍需聽聽大家的意見，也就是蒐集市場意見，以及推銷商品的勇氣跟溝通技巧；比如說：每個人需要表達自己的想法跟積極互動，也需毛遂自薦的勇氣；在溝通上，需要有熱忱可以聊天，養成某種意願，以及具備熱情懂得去感恩，這樣一來，你的身邊自然就會就會圍繞著一些願意幫助你的貴人。

在成功致富公式中，以上四點都是自己可以掌握的關鍵，但唯獨機運是不可掌握的。你無法改變他人的運氣，但可做的是，努力去增加好運的比率，中國有句老話：「盡人事，聽天命」，這句話其實就是一種積極正面的人生態度

——努力去做我們可以控制的事並且做到極致。

在我的個人經歷中就曾發生過這樣一件事。當年，我在美國念大學時選了一堂零售管理的課程，因為想要落實課程的細節跟執行狀況，所以希望自己能夠有多一些零售實際經驗。刻意找尋後，我發現一份JC penny company應聘工讀生的機會，在我主動爭取下，對方終於請我去填資料表，之後，我很好奇自己有多少競爭對手？探聽之下這才發現，人事室裡有堆積著近百份的表單……。試想，在這樣的條件下，誰會來通知我？但我不放棄，每天主動詢問：「誰來決定這個人選的錄用？」結果小姐說：「費瑞茲經理」於是我每天早上八點來公司等他，記得第一次碰到他，他應付著說：「好好好……，我會看！」直到我連續跟他耗上兩周，天天去跟他「不期而遇」，終於，有一天，他看到我時便開口說：「好，我投降，我馬上用你！」這就樣，我用自己的能力改變了機運。

根據我過往的教育訓練經驗告訴我，一般人追求財富若失敗，很少人願意承認努力不夠，往往都把失敗推給運氣太差。但從戴路先生的成功致富公式中我們不難發現，運氣只不過佔了一小部分因素而已，事實上，一般人的失敗還是歸咎於經驗不夠、知識不足、剛愎自用、守舊、僵化、無創新能力等環節上，加上欠缺助人、自信、關切、友善等個人特質；以及經常換工作，造成滾石不生苔的現象，你自然不容易成功。當然，還有一個最重要的關鍵就是，不要碰到壞人，遠離被詐騙的可能。

---

[1]EE = Education + Experience = 教育與經驗
CT = Creative Thinking ability = 創造性的思考能力
SP = Selling Personality = 推銷的人格特質與溝通技巧
DD = Directional Drive = 固定努力的方向
B = The Breaks = 機運

人生 Memo

1. __________

2. __________

3. __________

3-4

員工的跨時代差別

企業就是天天在打仗，跟世界一起成長。

企業需要員工，而員工也需要具備競爭力，因為身為長期在國外創業的華人，我分析了以下的一些時代差別觀點來跟各位分享。由衷當然希望台灣的人才越來越好，所以我們創辦了「企業戰士訓練營」，希望可以複製國外的成功經驗，讓華人市場的人才，各個都可以與國際人才分庭抗禮。

首先，我一直相信人才是企業最重視的關鍵，而人才素質如何提升，以下則是我個人的一些淺見：

首先，除了用心，我們透過念書、學習，開始建立思想、改變言行，培養樂觀、積極、愛心，最後才是實踐力；前面描述的培養正確思想，就是培養人才的基礎，持續更是人才素質的重心。也因為抱持著這樣深切的期許，我對現在的台灣新一代的就業青年蠻失望的。我也來說說我在台灣創業的故事跟遇到的人才狀況。當我首次返回台灣創業是一九八二年，當時的時空背景變了，在一九九二年因為新台幣升值，台灣工資和社會生活費用，經營費用高漲，迫於無奈只有在一九九二年關閉了台灣的工廠和公司，進而全部轉移到中國深圳。

當我第二次返回台灣，是因為洛杉磯台灣領事館邀請我返台幫忙創造就業機會，並帶一些高科技產品回台進行開發……，想想自己在中國也貢獻了大約也有二十多年，也應是返回故鄉去做一些貢獻的時候了。我心中本來是這樣想的，但萬萬沒想到結果卻是一場噩夢。

我在二〇一四年返回台灣，經歷了人生當中最痛心和傷心的過程，以及經營事業上的另一個慘痛教訓。

九〇年代的員工大部分都是年輕族群為主。我分析了一下，心想：「這個年齡層還蠻努力的，應該不會太差！」其實當時台灣仍然有男子必須服兵役的制度，一般大學生畢業時都已二十三歲了，女生可以馬上投入職場，但男生則要延至二十六歲左右。台灣這時是主要工作勞動力大約落在一九四六年至一九五六年（民國三十五年到五十五年出生的三～五年級生），這個年代出生的年輕一輩來自家庭較辛苦的環境——本省籍的多半是農村子弟，外省籍則是軍公教人員的子弟出身。也因為經歷並看到過父母親含辛茹苦養大自己的辛苦過程，所以都瞭解只有靠自己努力打拚才有前途，所以，吃苦耐勞、拚命努力是一定要的，而且因為受過公民與道德的教育薰陶，對於忠孝結義這些傳統倫理，也更願意遵守。

然後，長年在國外經商的經驗也讓我思考，出身名校工學科系的碩、博士們，學識跟專業足夠，雖然在工作上相當稱職，然而事實上，其個人特質卻大多不太容易順應職場上的要求，也不太能夠順應工廠的緊張和時間壓力。反倒是工專和五專學校畢業的年輕人，似乎更加適合工廠的環境和企業需求。

記得以前台灣公司所有的女性文員、會計、業務助理等都是銘傳商專畢業的，很開心與她們一同工作，因為她們多半活潑、心胸開朗，心態上也更願意學習，加上勤奮、努力工作，所以每天的上班氣氛都非常愉快。不過，大部分的年輕員工性格較保守也害羞並怕出頭，沒有什麼創意，但是只要主管交代什麼，他們肯定就會把事情妥善辦好，雖說不太主動與積極，但多半懂得尊重上司，重視職場倫理，講究禮儀，再加上具備團隊精神，也重視品德教育，所以凡事會以公司榮譽做為優先考量，這也是一大優點。想當然爾，凡事有好就有壞，企業裡難免會有一些老鼠屎！我也曾不幸遭遇一些拿回扣、報假賬的合夥人，詳情可看我第二章的內容描述。

至於我現在公司的員工，年紀多半落在二十四歲至三十五歲左右，換句話說都是一九八〇至一九九〇年出生的七、八年級生，這是跟我完全不同時代出生並成長的孩子；我在面試過程中驚訝的發現，大部分的男生都沒有服過正式的兵役，這些孩子們都是我首次返台創業時的主力們所誕育的下一代！這群新一代的台灣未來主人與競爭力，實在令人憂心！但慶幸的是，我們還是有占優勢的部分，例如新一代絕大部分都受過高等教育，自主性高，性格較活潑，心態上比較開放，知識相對也更豐富。但可惜的是在公司體制中，由於過度自我，所以往往較缺乏團隊精神，加上生活環境優渥，欠缺一股願意打拚的刻苦精神。相較於其他區域華人的競爭者，台灣年輕人對工作缺乏熱情，周一剛上班就在等待周五下班出去吃喝玩樂。人人自我感覺良好，缺乏競爭力，較無承擔責任的勇氣，也因此缺乏了踏出國際，與之競爭的能力。我甚至在乘坐電梯時觀察到，台灣多數年輕人個性較自我、自私，遇事沒有熱忱，生性較冷漠。

正所謂環境創造個性，相較於中國大陸的年輕人，他們就比台灣現下的年輕人更能吃苦耐勞，也較具備責任感與進取心，誠如當年創造台灣經濟奇蹟的三、四、五年級生，中國大陸這群主力也正在創造自己的經濟奇蹟。雖說中國大陸的薪資水位仍比台灣低上二至三成，可是他們的工作效率和績效，已然超出了台灣年輕人許多……。

我舉一個例子，跟大家分享，記得公司有個產品需要修改一些線路設計。在我提出需求時，台灣的工程師跟我解釋了一大堆理由，表示當初為何會如此設計，而且花費許多時間為自己辯護，表達若要修改，至少需要給他一個禮拜的時間，畢竟要改動模具需要更多研製時間……。而這群來自台灣的工程師都是高學歷且有多年工作的經驗的一群。反觀同樣的事情，在我提出需求的同時，中國大陸的工程師僅用了半天的時間就全部修改完畢，也不需要修改模具，最重要的是，他們只有高職學歷。

其實若要較真，這其實是輸在心態與態度上，我這幾年的感受，絕大部分的台灣年輕人都是好孩子，可是比較愛享受和吃喝玩樂，缺乏競爭力。當然教育制度也與過去聯考制不太相同，加上教材被改的面目全非，尊師重道已成為過去式……，此外，新聞媒體混淆視聽，更是讓多數人處於焦躁跟八卦當中，也因此，更是讓人對台灣的前途擔心！

看到狀況就要改變！改善台灣員工的競爭力自是最重要的關鍵，大家若要迎向新的出發點，則必須在順應不同時代下，適度修正過往堅持的信念。

一、穩定政經環境

台灣長期以來的政治環境不穩定，已經造成無法弭補的內耗與損失，不論任何環境中，員工都要懂得適應環境而生存，才能培養更為強大的競爭力；環境不好一直都不是員工無法提升的重點，然而「將相本無種，男兒當自強」，唯有能夠突破困境者，才有機會改變未來的方向，邁向成功。

二、改進教育制度

著重學生的內涵及素質，提升品德教育，而非著重學科和技術知識的傳受，否則，長期下來容易造成教育上的偏食，造成學科滿分但品性卻不及格的窘境。反觀歐美各國的基礎教育為何成功？這就是因為它們是學科與品德教養齊頭並進，畢竟內涵與技術差異若逐漸拉大，這將是導致人才素質遲遲無法提升的關鍵。

三、重新建立社會道德、倫理

台灣過去是個相當純樸的社會，但目前就僅有維持表面上的禮貌；舉例來說：我曾與一個腳痛的孩子同搭一輛計程車，當我們在攔車的時候，經過三輛計程車，但卻只有一輛停下來載客……，從中我們不難發現，人們的職業道德漸漸薄弱，計程車司機見狀應是怕麻煩，或是對於自己職業的不夠尊重，所以選擇忽略我們，不載客！但其實不論是清潔隊員或董事長，每個人都該對自己的職業具備一份道德感，也要懂得尊守企業的體制跟職場倫理，這樣才能大幅提升企業文化；因為只要具備同情心、愛心，自然會有道德感。

人生 Memo

1. ________

2. ________

3. ________

3-5

企業人工作的基礎守則

把握成功企業人準則，提升工作競爭力。

過去幾年，只要有員工離職，大家往往都會跟我說：「柯總裁，從您的公司出去的員工，外面人人搶著要……。」這也是我在國外企業經營版圖越做越大的原因。只是即便如此，細數這些年的創業經歷，其實還真發生過不少趣事。

記得剛前進中國創業的時候，可能是因為當時的中國大陸實在太窮苦了，所以在工廠裡面出現了不少特殊的奇怪現象，常常令人啼笑皆非，這可能是現在的台灣孩子難以想像的。例如許多台商肯定都有過共同經驗，那就是每個工廠幾乎是所有員工、所有部門，大家都會「齊心協力」地偷東西。

當年，大陸工廠的員工宿舍總是混亂，因為工程管理不當，造成混亂，然後就會導致大家容易找不到東西，也會因此造成資源浪費，長期下來就是公司的損失。但即便如此，許多工廠依舊不願意大力整頓，宿舍大樓如同萬國旗，大家都把衣服曬在陽台上，場面實在有夠難看和混亂。所以，在我日後設計員工宿舍時，我便在每個房間後面都興建了足夠使用的陽臺和矮牆，讓員工把衣服曬在短牆後面，宿舍外觀看起來就美觀整齊多了。畢竟我向來奉行的就是簡約但有效的管理，誠如我自己受過的軍事訓練一般，我也將員工宿舍當成是簡單且輕鬆一點的「小成功嶺」。再者，宿舍房間比起其他工廠也起碼寬敞兩、三倍，每人都有自己的衣櫃與書桌，所有東西全部由公司提供，曾有員工笑稱，自己只需攜帶內衣褲便可來上班。

我們工廠的伙食也是一等一的營養衛生，色香味俱佳，飯湯自己來，菜可以自己要求份量，每個星期六還會特別加菜。但即便如此，我還是不忘提醒員工們，因為大家多半都是農民出身，我要求他們熟記「不只是粒粒皆辛苦，還要時時記得父母那一代曾遭遇的大饑荒」，要懂得珍惜物資！同時，我要求警衛每天早、中、晚，按三餐嚴加稽查管理，提醒大家不可浪費食物。

記得有一天，我在吃過晚飯後來到公司的花園裡散散步，發現幾個員工鬼鬼祟祟地捧著一包東西蹲在牆壁旁，我聽到他們向牆外吆喝了幾聲，就順手把一包東西丟出牆壁外去……。我趕忙請警衛把他們全部抓起來，一問之下這才發現，原來是他們的同鄉來深圳覓職，卻還沒有找到工作，所以，他們只好在飯堂裡偷偷打了飯菜，設法拿出去給同鄉們吃。有鑑於此，我又訂下了一個新政策，只要是員工的同鄉，優先錄用；如果不合用，也免費提供三天的吃住！

只是即便我這麼努力，結果不幸的是，我發現他們同鄉還是又集體偷東西。

記得是一樁發生在廚房的事情！管錢的地方永遠是最容易產生弊端的，伙房也一樣！為此，我執行了所謂「值星官」的制度，要求每天採購的青菜、肉品及其他食物全部都要過秤，而且要天天清點剩餘的食物。短時間看來是控制住「災情」了——因為我通常都是最後吃飯的員工，所以廚房習慣會幫我留飯菜，我也可以順勢檢驗一下每天的伙食。直到有一天，會議提早結束，我比平常時間提早跑到員工餐廳去吃飯。結果，我發覺員工飯菜裡的肉片份量比我平常吃的起碼少了一半……，當下我沒有吭氣，但我知道這是廚師在搞鬼，給我的那一份有多了菜與肉，但卻因此苛扣了員工那一份。

之後，我私下再清點檢查報告，發現每天的新鮮肉品一樣全部用完，卻也找不到任何證據，所以，我多花了一點心思觀察伙房的工作動態，發現有幾個伙夫每晚死乎都會跑到工廠外面去散步，行跡頗為可疑。而正當我還在迷惑時，警衛跑來向我報告，表示找到藏在大廚師身上的肉品（因為他們在經過大門口警衛室時，繩子不小心弄斷了，偷藏在衣服裡的肉片正巧掉了下來，順是便被警衛逮個正著……），當然後來，這些趣事跟弊病就漸漸減少了。

後期在大陸，工廠的營運也越來越順應我們的管理理念，因為人開始透過學習跟上課，改變了原本的習氣與信念。例如「企業戰士訓練營」一定會提到的守則如下：

守則一、比上司期待的工作成果做得更好

你完成每件工作，都比上司要求的水準要好一些，上司必然很快地對你產生信任感，能放心地把更重要的工作交給你，你將有更多機會學習更多經驗，擴充更多的能力，成為上司值得信賴的左右手。

守則二、懂得提升工作效能與效率的方法

「效果（EFFECTIVE）」指的是做對的工作；「效率（EFFICIENT）」則是強調用最有效的方法把工作做好，其實是可以參考以下的工作方法，提升效果跟效率：

1、依照工作的重要性，決定完成工作的優先順序。
2、依工作的重要性，決定投入工作的時間。
3、同性質、同種類、類似性的工作分門別類進行。
4、不斷地思考，是否有更有效率的工作方法上。
5、準備以往做法、相關的資料、相關的訊息，藉此當作工作前的參考。
6、向有經驗的前輩多多請教。

7、隨時訂出完成工作的期限。

8、準備好必要的工作、材料、器材。

9、避免用過大的手段達成較小的目的，以免造成浪費，如殺雞焉用牛刀。

10、避免用過小的手段成較大的目的以免無法做好，如螳臂擋車。

守則三、務必在指定期限內完成工作

工作完成的時間確定後，你一定要能遵守期限完成，最好能提早完成，預留一些檢查的時間，讓你能檢查是否有疏失或遺漏的地方，以確保工作的精確。

守則四、工作時間、集中精神、專心工作

做事時要拿出應有的態度，專心在工作上，並且培養完成工作的意願，例如工作時間集中精神，專心工作，不要一面工作一面和同事聊天、談笑或是吃零食。

守則五、每件事都要用心做

不管多麼單純的工作，你都要用心去做，用心做是避免錯誤，改善速度的最佳途徑，讓工作能夠更容易進行。

守則六、具備防止錯誤的警覺心

工作上的錯誤都是由這些原因造成的，我們要隨時注意自己是否有下列的這些狀況！

1、使用一些未經確認的資訊
2、工作上的專業知識或技巧不充分階段
3、疲倦、思想不集中、力不從心
4、情緒低落、不穩定
5、聯絡錯誤、協調不足
6、把一知半解當作全部都知道
7、不注意、草率馬虎

8、成見、不確定

9、無責任感、推託

10、不遵守作業規定

守則七、做好整理整頓

1、辦公用品、器具依定位放置。

2、用完的工作用品，記得立刻歸還。

3、桌面上只陳列必要的東西，廢棄不用的東西，立刻丟掉。

4、走道、通路不隨便放置東西。

5、檔案、公文、書信等物件，請編號管理。

6、各種辦公用品，文書，請仔細規劃放置地點。

守則八、隨時保持改善工作績效的意識

工作時除了要懂得提出問題外，還要秉持改善問題意識；注意下列五個方

法，藉以改善你的工作績效：

1、簡單化——是否能用更簡單、更省力的方式進行？

2、代替化——是否能用機器代替、是否能用別的途徑代替

3、統合化——是否能將兩樣工作合併處理？

4、分散化——是否能分開做更有效率？

5、廢止化——這項工作是否真的有必要？是否能廢止？

守則九、養成節省、不浪費的習慣

節省不等於吝嗇或苛刻，節省是為了不浪費公司資源，畢竟浪費公司任何資源就等於是浪費公司利潤，經理人要懂得節省公司費用，更要有成本觀念，畢竟，在競爭環境中求生存，每減少一分成本，就能增加一分競爭力，能給公司帶來更多利潤，因此我深信，每節省一塊錢，通常就能給公帶來超過一塊錢的利益。

守則十、建立溝通管道

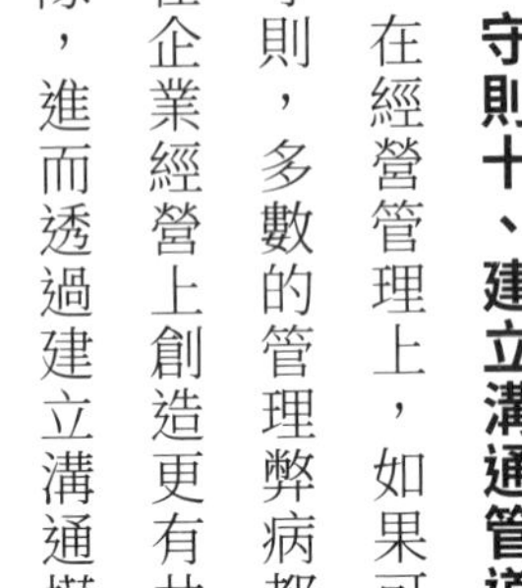

在經營管理上，如果可以嚴守以上的幾大守則，多數的管理弊病都可降低很多，也能在企業經營上創造更有共識、共同成長的團隊，進而透過建立溝通模式，強化跨部門與組織的健全架構。

柯約瑟（左 3）與母親柯劉慧懿（左 2）於大陸廠區與員工大合照。

人生 Memo

1. ____________________

2. ____________________

3. ____________________

3-6

整體的成功才是真正的成功

隨時保持我可以更好的信念，你會知道方向在哪裡？

在本書第二章裡曾描述，我在一九八二年時創建美國「特科集團」，在這段從無到有的歷程中，每一段都是我真實的生命歷程，不但擁有自己的公司，還擁有自創的品牌，生產警報器、碎紙機、智能吸塵器等商品，這些都是我後來經過學習後才研發出來的項目，而生產基地則遍布台灣及中國大陸的深圳兩地，更在美國、中國大陸、台灣、日本及歐洲均設有分公司，銷售網遍及全球。

我想要跟大家分享的是，如何經營自己的企業人生？其實，不斷學習是我

奉行不悖的準則——我在四十歲，事業有成之際，重新跨進校園，申請進入哈佛大學「董事長研究班」進修，藉此又重溫了一段學生生涯……。

至於為什麼要這樣做？我會說：「我還不夠好！」而我一直引以為戒的這些說話方式與態度，大大影響了我一貫的行為，而行為自然影響了結果。

在第一章中，我曾經提及自己的軍人身份，我盡到了保衛台灣的責任；一路走來，我第二章的創業過程中，也曾在台灣與人合辦公司，招募員工。現在更因生產線的一部分在台灣，轄下有大批員工，業務好時，同享福利；甚至在業績大衰退時也沒有裁員或減薪，也絕不放員工無薪假，因為我想要做更多……。面對台灣這麼多的問題，我想要找出問題的癥結點在那兒！是教育嗎？我們可以透過什麼方式來修正？就像早在三十幾年前，我就在台灣領養了兩個孤兒，把他們帶到美國撫養培育成人。而且，我每年捐款給台北的天主教福利會、孤兒院等慈善機構，這兩年更回到台灣的母校擔任客座教授，傳授個人創業經驗，捐贈獎學金、成立科系、辦特別項目和成立研究開發工程，當然，這些都是我願意盡全力去做的事情！在企業理念中，很多人問我，什麼樣才是成功？

我仍然覺得認為應從兩方面著手：一是企業，二是教育。企業方面，最重要的當然是創造就業機會，因此，我才會把生產基地設在大陸的深圳地區，雇用大量員工，創造成千上萬個人才與就業機會，遑論我認為自己的公司規模仍不過只能算是一個中小企業而已。但企業本身就是一個重要的教育單位，回到一開始的財富宣言，只要可以改變了心態，一切的企業根本就會改變，而這，就是我的初衷……。

尤其是自己急公好義的俠客心性，每每看到偏遠地區的人民生活困苦，教育落後，學校數量不足，我便由衷難過。這麼多年下來，我資助過許多偏遠落後的地區，總共興辦了二十二所小學，並將這些小學一律定名為「世華小學」。而第一所「世華小學」就建立在湖北省武漢市，而學校的大樓則以我的父母名字命名，因為母親傳授我經商理念，她說：「日行多善，日行多善。」兩棟大樓，分別為「隆祥樓」和「慧懿樓」！此外，為了讓大家可以有學習的機會，我也在清華大學、江漢大學設立貧困學生獎學金，並向中國「春蕾計畫」捐款多年。

如果回想有什麼是讓我感到暖心的故事？我想，應該是我在湖北「趙澎」村成立了以母親的名字命名的「慧懿春蕾班」，我培養了一百五十個女孩完成初中學業，一百名高中畢業，甚至還有五十名取得大學文憑，而其中更有一名叫做「艾誠」的女學生，更是成功取得碩士學位，讓我覺得除了創業以外，自己還有更大的能力能夠幫助更多人。就如同我到美國求學時，借給念書費用的那位會計小姐曾說過的話：「日後你若有能力，記得要幫助更多的人。」我不斷地創造就業機會、努力經營企業版圖，因為我知道只有創造機會，才能改善更多人的生活。

最後我想說的是，**個人的成功，並非真正的成功，整體的成功，才是真正的成功**。當我開始整頓公司的企業文化，也開始了解融合東西方文化，才是更重要的事情，於是，我開始努力促進中美兩國的友好，更因此先後獲得柯林頓和小布希兩任美國總統的接見，也接受了加州參議會的表揚。多年來，我樂於捐助世界各地中文學校，既繁榮地方經濟，也希望能在海外傳承中國人尊師重道的文化內涵，致力推廣企業永續精神，並期許自己，從不間斷。

柯約瑟接受美國柯林頓總統、小布希總統接見。

柯約瑟接受加州參議員於美國加州參議會
表揚模範公民。

人生 Memo

1. ______

2. ______

3. ______

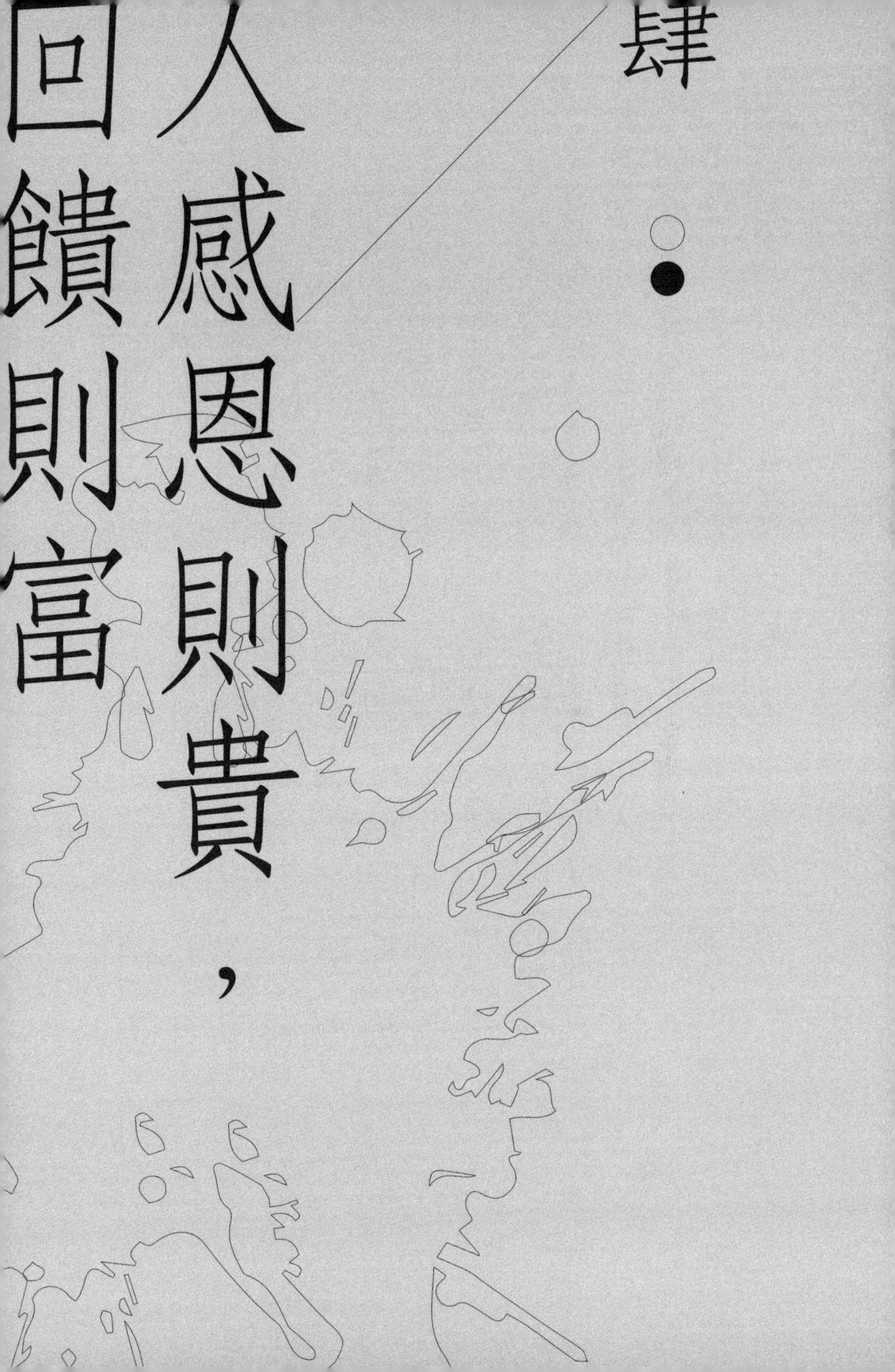
肆
人感恩則貴，
回饋則富

我的岳母在我們結婚後，也搬來和我們住在一起由我們奉養至今。因為我和前妻領養的兩個孩子是由臺北天主教福利會的嬰兒中心，那時我就被王修女的偉大工作感動，所以長期的支持中心，一直到今天。此外，我和幾個好朋友曾昌維、徐漢忠夫人、孔寧，一起在中國捐贈了二十二所希望小學。

此外，我的夫人在中國建立了「春蕊助學金」，幫助許多需要幫忙的女學生完成學業。母親則是另外成立一個特別的「春蕊班」，幫助了一百五十名女學生名完成初中學業，一百名女學生完成了高中學業，五十名女學生完成了大學學業，並且有一位取得碩士文憑。也持續捐贈獎助學金給中國清華大學及台灣的母校「正修科技大學」，協助校方建立輔助特別的科系和開發產品的專案，更是美國爾灣的中文學校的主要捐贈人。

十分感恩自己的孩子能在美國學校由幼稚園念到高中畢業，所以我與太太捐贈巨額的資金讓學校進行多項建設，成為該校有史以來首位華人校。

我更捐助美國華人參政，與其他熱情的華僑共同促成兩位現今的兩位美國聯邦國會議員——趙美心和劉雲平，另外一位江俊輝則成為加州的財務長。

4-1 人生難報父母恩

小富由勤；大富由天。

自呱呱落地至今，我們每個人都在人生路途上受過無數人的恩典，成就有多大，恩情就會有多深，而在這些恩情當中最難以報答的就是父母的恩情，世界上沒有人應該無條件的付出，而我的父母與貴人，都是我的恩人們。

經商多年，一想起母親，就想起她的德性與慈愛，記得自己幼時，她總會向我提及為人處世之道，而我時常掛念在心頭的便是「施人甚勿念」。我的父母親都是一九二六年出生於湖北省漢口市的人，母親說他們兩人是經過介紹而認識的，祖父是個商人，有一間小型百貨公司、圖章店以及一家肥皂工廠，也在漢口市擁有一些房地產，在當時就像是個地方上的小財主。外祖父則是做老式的錢莊生意，有時我也會跟母親打趣說：「這莫非也有點商業遺傳天份……」，祖父在大陸的房地產後來發回給父親經營，而父母親後來也完全捐贈給了住在武漢的其他親友家人。

早在父親念高中的時代，武漢已是被日本人佔據的地方，所以當時他除了想去重慶念大學，更想就讀空軍軍官學校，為國出力奉獻。在念高中時，更因成績和日文都名列前茅，故而被日本老師推薦為資優生。但其實，父親在高中時就已參加了地下工作為我方情報局工作，除了分發抗日傳單，也配合暗殺漢奸的工作。而在民國三十四年，雙方父母為了方便他們一同去重慶，所以就讓他們早點成婚，那時的他們都才十九歲，尚未成年呢！豈知，正當準備出發時，日本正好也投降了，於是就沒有出發前去重慶，因故而留在漢口。

父親這時報考了國立稅務專科學校，因為順利被錄取，於是就去了上海學校報到，而溫柔的母親則是因為懷孕而留在漢口待產，所以，我大姐是民國三十五年出生於漢口。父親的學業則是在民國三十五年提前畢業，與所有同學一起在上海的海關實習。而原本駐紮台灣的日本海關因為在民國三十五年正式撤離，所以他們這一批學生就全部調往台灣幫忙接收。接著，母親也在民國三十五年底，從武漢帶著剛剛出生的大家，沿著長江坐船到上海，之後再轉到台灣的基隆定居……。

父母兩人常說他們是由一雙筷子起家，當然，他們也經歷了發生在民國三十六年的二二八事件，親生經歷了這段不幸的過程。

還記得，民國三十八年，那時好像天津也被共產黨佔領了。我的三叔本來在天津大學念書，因此逃到基隆投奔父親，也幸運地轉進台灣大學繼續學業。爸爸的老家全是男丁，而他排行老二。沒過多久，四叔也從漢口跑到台灣來投奔父親，並且進入高中繼續念書。而父親的大哥也就是大伯，則仍留在漢口陪伴祖父母和照顧家裡的生意。

後來，可能因為他們三兄弟都跑去了台灣，老家所有房地產、不動產等生意全被共產黨沒收充公。而台灣一家除我父母親還有兩位叔叔，加上大姐和陸續出生的二姐、三姐以及我這個寶貝，一家八口人全部依靠父親一個人的薪水過日子，由此可見當時生活的艱難，而家裡則全部依靠母親一個人打點。

想起這些經歷與過程，我真的非常感恩。父親那時官階不夠高，所以大家真的是省吃儉用。加上父母親非常友愛兄弟們，供給三叔跟四叔上大學，一直等到他們分別去美國和加拿大繼續念書，經濟情況才算稍為輕鬆一點！不過，好在我們是天主教徒，經常去教會領取美國增援的物資還有舊衣服。加上媽媽聰明手巧，總會把領回來的舊衣服改成非常合身的衣物讓給我們穿戴，甚至看起來完全像新衣服一樣。還記得媽媽親手做的衣服，穿在身上總覺得份外溫暖。

我永遠難忘母親為三位姐姐修改的三件紅色大衣，不知讓多少鄰居女孩羨慕，加上父親因為在海關工作，經常可以收到一些像葡萄乾、巧克力糖等小禮物，這些零嘴在當時可真是人間美味啊！但母親卻不藏私，只要有能力就會幫助他人，例如給人家一袋米，留一袋麵粉等，真是既慈悲又有善心。總之，因為父母親的庇護，我們小時候也不覺得苦，每一天都是高高興興的過日子，都有一個愉快的童年。

基隆的海關宿舍占地很大，宿舍內設有網球場、運動廣場以及幾個非常大的空地和院子，這些地方都是我們小孩子的遊樂天堂，鄰居們也都非常友善，大家總是互相幫助，每到傍晚時分，大人們在外面泡茶聊天，小孩們則玩著各種遊戲，其樂融融。而大家因為住的都是日式建築，孩子們基本上都是打地鋪睡覺，只有父母親有床鋪……，如今回想起那段生活，由衷慶幸自己擁有這一個如此愉快的童年。

我在基隆出生，一直住在基隆的海關宿舍，直到十歲時父親調到高雄。大概五歲以前的記憶都算迷迷糊糊的，若說印象比較深刻的部分，應是假設三叔和四叔從學校返家，母親當天多半會加菜，桌上一定會有肉可吃，大家可是高興得很啊！還記得我六歲時，因為再過一、兩年就要進小學了，但母親實在受不了我老在家裡煩她，於是乾脆將我送去天主教的幼稚園就讀……。而這正是母親和幼稚園老師噩夢開始的時候—因為幼稚園有接送的娃娃車，而我每天總要其他小朋友把座位讓給我，所以天天在車裡打架，進而被其他家長投訴，所以，母親只有單獨包三輪車接送我上下學。

當時在幼稚園裡，最重要的就是每天都有牛奶和餅乾可吃，而我又因為強迫其他小朋友多分一些給我，於是又被老師投訴。下課邋鞦韆，我也因為正義感大爆發，要求所有小朋友都得排隊輪流玩耍，警告大家不准亂搶而被同學告發……總之我不記得後續還出了什麼其他問題，總之學校礙於父母親的面子，所以不能明白地把我逼退。倒是學校神父相當聰明，乾脆直接發給我一張幼稚園畢業證書，作為我提前畢業的依據，這樣我便可以去念小學了，而且可以當一名旁聽生。只是萬萬想不到，大家當時實在太低估我的資質了，念小一時考試，我竟然得到全班第三名，直接升上二年級，後來也一直在基隆正濱國小念到四年級。

與母親之間感情非常深厚！這些回憶，都讓我到了長大成人之後，依然是感動而珍惜。現在回想，母親大概知道我是好動兒，雖然生氣也只有容忍，真不濟時再給我一頓板子警告一番。我記得最痛苦的時候是母親一邊處罰我，一邊流淚，當我看到她哭泣的眼神，我就下定決心不要再讓她傷心。可惜的是自己個性實在太莽撞，偶爾克制不住，還是會不斷地犯錯誤，現在想來，還真是讓她操了一輩子的心。

那時候，每到月底我便猜想，家裡的現金和菜錢肯定比較吃緊。因為母親總會做一大鍋雜菜加一點肥肉再打一個蛋，大家用大碗裝飯或麵條，灑上一點麻油就香噴噴了。可是即便如此，只要家裡有剩餘的米或麵粉，媽媽都會分送給教會或街上的貧戶，只要自己有也會願意分一點幫助人，媽媽這個感人的舉動，至今深深烙印在我的腦海中。

若說我這一輩子可以有多大的成就，這都要感謝我的父母，因為母親的溫暖慈愛，總是讓我在外地遇到困難時，化為前進的動力。母親雖已過世多年，可我每天都在懷念她，每天也都在默默的祈禱和母親溝通，非常思念她。直到現在，我真正瞭解何謂「樹欲靜而風不止，子欲養而親不在」。

人生 Memo

1. ______

2. ______

3. ______

4-2

沒有人教我要如何回饋

直到孩子們開始懂事、學習，變成有助於社會的人，我終於看到了成果。

從過去到現在，少年時的我、商場上的我、為人父母的我，隨著年齡不同，確實經歷很多。不論是一路上的升遷經歷、人生苦澀酸甜以及後來的商場浮沉，我心中總有一個聲音不斷提醒我：「未來若有能力，就要懂得幫助其他人！」

當我捐建了武漢的世華小學，接受廣播電台訪問時，主持人問我：「當您經歷了這樣辛苦的過程，現在苦盡甘來的時候，您能夠用自己的能力來幫助很多孩子圓夢，當您看到那裡的孩子們背著書包在明亮的教室裡上課候，您的心情是什麼？」

我真心覺得，這種滿足感實在無法用言語形容，假使真要形容，我只能說，感覺自己貢獻的一份小小力量，當孩子們開始懂事，學習，而變成了有助於社會的人，我看出了它的成果，而且在華人社會中，拋磚引玉是有涵義的，假設我今天捐了一所小學，希望還有更多的人與企業能夠一起共襄盛舉！畢竟我始終認為，振興教育這件事真的很重要！

記得當年興建小學時，有一件事情讓我特別開心，我問校長，他們最需要的是什麼？他想了想，表示可能要書包，而我當下實在無法想像孩子們居然沒有書包，於是我們買了五百個書包，並選在開學典禮上發給大家，這群孩子滿足的笑容直到現在都還深深印在我的腦海裡。

在參觀教室時，因為全程參與過程，所以對於學校裡的事情都很有感觸，例如我遠遠看到一個小朋友拿著一根竹子，好奇一看發現他竟將鉛筆綁在竹子上……因為鉛筆太短了，不好書寫，所以他便把這一小截鉛筆綁在竹子上再用來寫字。看到這幕景象，我心裡實在好難受，回去之後馬上又訂了五百打鉛筆送給校方。人生路上，我們都忙著賺錢、創辦企業，沒有人教我們怎麼回饋及感恩，而我選擇幫助團體創辦學校，這就是我回饋社會、做人處事的道理。

當然，以現在物質豐富的台灣，少子化的關係，爸媽肯定都很疼孩子，想要什麼玩具或文具，這都不是問題。但我認為物質的快樂不是建立在用錢上面，而是如何利用錢做更多好事！不過是一點點的錢，可以帶給孩子們多少歡樂與滿足……，我想，這一種心境的體驗跟累積，因為得來不易，孩子們肯定會更加懂得「珍惜」，這份非常充實的滿足感，激勵著我持續不斷地貢獻自己的棉薄之力，幫助他人。

過去很多人都會問我，商人是講求利益的，但為什麼我會選擇捐贈，而非投資，畢竟捐贈是沒有回報的。

我記得自己曾經回答：「商人自是講本求利，買低賣高，這是做生意的原則，可是中國人講君子愛財，取之有道！」想當然，我們開門做生意，賺錢是提供一個有價值的東西來賺取利潤，而當我們本身已經過得很富裕時，我發現自己除了把家庭照顧好，但卻已無法奉養我的父母親。當時，家中只有我一個男孩，所以日後當親友們需要幫忙，我肯定伸出援手，義無反顧。再者，從小我就有一個心願，希望我的子女不要過得像我小時後那麼辛苦，而我旅居海外，始終沒有忘記老祖宗的名言：「老吾老以及人之老，幼吾幼以及人之幼」，側隱之心在所難免。我雖是一個商人，但我做善事不求回報，我只希望「自己贊助的這些孩子們日後有機會，記得要再去幫助其他需要幫助的人。」

有一次，我到清華大學演講，校長開玩笑說：「柯先生都不要報酬，提供獎助學金給我們……」我聽到這邊趕忙打個叉說道：「等一下，等一下……，大家都是大學生了，我要把話講清楚，我當然要報酬了，我要的報酬是你們一定要答應我，就是**當你有能力時，請記得去幫助那些需要幫助的人。**」

人生 Memo

1. ____________________

2. ____________________

3. ____________________

4-3

做了好事，當然要讓人知道

穩定的工作不僅是他人謀取幸福生活的希望，每個員工也是支撐一個家庭的希望所在。

二〇〇一年三月二日的上午，我永遠記得那一天，因為我收下了一面篆刻著「造福桑梓」四個大字的金牌。其實，**我向來不把企業當生意做，卻把慈善和公益事業當作畢生的事業在做**。從根本上來說，培養出合格的、一流的企業管理人才，這才是企業的第一使命，是一個企業家的首要職責。

在八〇年代中期，當我創立的特科集團羽翼漸豐時，我開始率先在大陸內投資設廠，回饋家鄉，無論歷經多少波折或委屈，始終不改初衷。箇中值得一提的是，投資十多年來，我從未聘用過一位外籍管理人員，也從未從美國調動管理人員，從一開始，美國MBA科班出身的我就致力於培養華裔的管理人才。

這些年來，無論企業處於順境還是逆境，我的工廠始終保持在五百人上下的規模。對這些年輕的、來自貧困地區的兄弟姐妹來說，一份穩定的工作不僅是他們謀取幸福生活的希望所在，一個員工，更是支撐一個家庭的希望所在。企業主本就應該要對自己的員工負責任，我也在企業管理中不斷提到，解聘員工決非改善企業經營狀況的唯一途徑。

我常在受訪時說：「說實話，要從口袋掏銀子出來，著實不容易！」一是自身要足，當然這就看個人標準與程度！我的見解是小有小捐，大有大捐，重點是心意！許多大善人及高士常說要做不留名的捐款，藉以表示清高及不求好名聲。但我不同意，我們需要將好知識及品行事蹟流傳出去。畢竟做好事，當然要讓人知道，並且推廣分享出去；施恩不求回報這也不對，我總是希望「大家要記得報答，而最好的方式就是在有能力以後，一定要再去幫助其他人。」這就是我要求的報答，也是一個善的循環。

有一次，在某個捐贈儀式上，我前去探望捐贈班級孩子的情況。當我用英語問：「她們叫什麼名字、是男孩還是女孩？」她們都用英文響亮地回答了我：「再也不是我以前見到的羞怯、不敢開口說話的樣子。」我感到很高興，很滿足，同時也很受鼓舞，很有成就感。人生知足常樂，我也是苦過來的人，現在一切都很滿足了，惟以盡心盡力助人為樂。不過，當我和這些孩子們握手時，我發現不少女孩子手上還長有凍瘡，這讓我感到自己所做的這一切還不夠好，需要大家一起來努力的事情還很多。

我這一生經歷了多次商海浮沉，也曾遭遇不少挫折，幸運的是，我總是能在商場戰爭中全身而退，朋友們也羨慕我的美滿家庭、身體健康以及豐富的財富。正所謂**錢不能買到一個行善的過程，事到有功方是德**。這一生我很慶幸每次遇到難事無法理解時，總有貴人或大師開解我，我總共碰到過三位大師：證嚴大師、聖嚴大師以及星雲大師，三位貴人都給我許多開示，人總是在遇到挫折與無奈時，才能讚嘆生命的變化萬千，他們三位都給我開示了「前世，今世，來世」時時提醒自己，**今世是前世的果，今世是來世的因，來世是今世的修行**。

柯約瑟（左 2）接受正修科技大學創辦人暨董事長李金盛（左 1）頒發金牌傑出校友獎，身旁是正修科技大學校長龔瑞璋（右 1）。

人生 Memo

1. ______________________________

2. ______________________________

3. ______________________________

★

後記

在二〇一九年五月，我歷經了台灣最慘痛的教訓，書中提及的世擘及台擘三人的詐騙事實後，我就下定決心要將此書出版，在整理資料以及回顧過往的過程中，我思及過去從台灣成長的年少時光、令我回味無窮的學生生活、以及影響深遠的軍旅生活，至今我也傳承給我的孩子們，希望觀念傳承給華人子孫。

教育的提升以及觀念的建立，一直是在這些事件中，我最想要傳達給讀者的，每個人的人生都不能重來，每一個故事都是我的親身經驗，每一個人名、每一個公司名稱，現在都可以考證，書中所述都是真人真事改編，感謝我的夫人、我的貴人們、感謝蕭合儀小姐協助我完成此書，以及提攜我的恩人們，謝謝他們一路上的協助跟幫忙，如果我現在有任何的成就，就是因緣聚會，聚集眾人的福氣，才能成就更大的福氣！

雖然我上過不少當，受過不少騙，也被陷害過！但我並沒有改變我對人、對事與公益助人的熱忱；如果因為這些不幸的遭遇而改變了我的為人，創業的初衷，那就更不值得了！希望大家一生中不要遇到壞人，就算不可能，也請盡量防範吧！善惡終有報，我們自己本身仍能要道德、品德、積德、善心！謹記星雲大師的「存好心、做好事、說好話！」正正當當的做人，而不要被壞人而改變了自己。

勝敗乃兵家常事，商場亦然，「勝不驕，敗不餒。」我們不會因為這些事情而改變了人生的原則，以及做人處事的道理，商道，就是做人之道，也就是自身人格與品德的堅持。以前接受媒體訪問時，他們戲稱我為大俠，我也欣然接受這樣的稱號，我的人生旅程中，樂於當大俠，秉持著俠義之心，未來希望也有機會能將自己的故事流傳出去，廣為人知，讓世人警惕，壞人就在你的身邊。

台灣當然有很多好人，各地也都有好人與壞人，有一天，他們也許又會回到台灣，希望遇到更好的且溫暖的臺灣人，畢竟台灣最美的風景就是人。

柯約瑟　二〇一九年，中秋

觀成長 29

世界是平的，就等你去闖

阿瑟創業傳奇驚魂記

作　　者—柯約瑟
文字整理—蕭合儀
視覺設計—張　巖
主　　編—林憶純
行銷企劃—許文薰

第五編輯部總監—梁芳春
董事長—趙政岷
出版者—時報文化出版企業股份有限公司
　　　　10803 台北市和平西路三段 240 號 7 樓
發行專線— (02) 2306-6842
讀者服務專線— 0800-231-705、(02) 2304-7103
讀者服務傳真— (02) 2304-6858
郵撥— 19344724 時報文化出版公司
信箱— 10899 台北華江橋郵局第 99 信箱
時報悅讀網— www.readingtimes.com.tw
電子郵箱— yoho@readingtimes.com.tw
法律顧問—理律法律事務所　陳長文律師、李念祖律師
印刷—勁達印刷有限公司
初版一刷— 2020 年 2 月 27 日
定價—新台幣 350 元
(缺頁或破損的書，請寄回更換)

時報文化出版公司成立於一九七五年，並於一九九九年股票上櫃公開發行，
於二〇〇八年脫離中時集團非屬旺中，以「尊重智慧與創意的文化事業」為信念。

世界是平的，就等你去闖：阿瑟創業傳奇驚魂記 / 柯約瑟作 . --
初版 . – 臺北市：時報文化 , 2020.02
192 面；14.8*21 公分
ISBN 978-957-13-8064-3（平裝）
1. 柯約瑟 2. 企業家 3. 創業

494.1　　108021289

ISBN 978-957-13-8064-3
Printed in Taiwan